健康城市设计理论丛书 1　　　　李煜 主编

健康导向的城市设计

李煜 著

中国建筑工业出版社

图书在版编目（CIP）数据

健康导向的城市设计 / 李煜著. — 北京：中国建筑工业出版社，2022.5

（健康城市设计理论丛书；1）

ISBN 978-7-112-27209-9

Ⅰ. ①健… Ⅱ. ①李… Ⅲ. ①城市规划—设计—研究—中国、美国 Ⅳ. ①TU984.2②TU984.712

中国版本图书馆CIP数据核字（2022）第041988号

责任编辑：刘　丹
责任校对：李美娜

健康城市设计理论丛书1
李煜　主编
健康导向的城市设计
李　煜　著
*
中国建筑工业出版社出版、发行（北京海淀三里河路9号）
各地新华书店、建筑书店经销
北京锋尚制版有限公司制版
北京中科印刷有限公司印刷
*
开本：880毫米×1230毫米　1/32　印张：6　字数：145千字
2022年7月第一版　2022年7月第一次印刷
定价：**48.00**元
ISBN 978-7-112-27209-9
（39009）

丛书序

什么是健康城市设计理论？这是指城市设计理论中与居民健康相关的空间理论、规律、技术与策略。三十年前，朱文一先生提出了“空间原型理论”，并在此基础上推动了“建筑学城市理论”的系列研究。通过探索建筑学与其他学科的交叉融合，试图将其他学科总结出的事物发展规律中可以被空间化的部分转译为空间与形态规律。

2008年起，我开始关注“城市空间”和“人群疾病”的关系。事实上，空间如何影响健康是建筑学永恒的话题之一。20世纪80年代开始，人类疾病谱的转变和预防医学的发展使得公共卫生领域再次关注城市空间与人类疾病的关系。与此同时，现代主义建筑的失败和城镇化的加速导致了种种相关疾病的流行，也引起了建筑学领域的反思。在这样的背景下，顺着“什么样的城市空间容易导致疾病”这一主线，提出“城市易致病空间”的概念，并初步划定“空间相关疾病”的范畴。在此基础上详细分析了城市空间的不良规划设计导致人群患病的作用规律，并以此完成了博士论文。

2013～2014年我赴耶鲁大学访学，跟随阿兰·普拉特斯教授进行城市设计的研究，并与医学院的学者一起探索了建筑学与医学的可能交叉。在此基础上出版了《城市易致病空间理论》一书，初步总结了世界发达国家整治改良城市易致病空间的经验策略，挖掘了中国大城市面临的类似问题，试图提出初步的空间整治建议。

2014年开始，我有幸与其他志同道合的青年学者一起进行健康城市设计理论的系列前沿课题研究。这些学者有建筑学、医学、公共卫生学、管理学、计算机图形学等迥异的学科背景，在讨论和合作的过程中产生了许多有价值的思维火花。随着研究的深入，越来越多的思绪凝固成共识，通过数据与实证成为浅显的发现。从观察成为认知，从现象成为理论，从观点成为策略。

2019年底，一场突如其来的新冠病毒肺炎（COVID-19）疫情席卷全球，给人类社会造成了难以估量的损失。原本高度发达的当代城市空间，在疫情中暴露出了种种问题。透过疫情滤镜审视当代城市空间，可以发现多个维度的反思和创新正在涌现。这些看似新生的问题，其实早已存在于城市发展建设当中。疫情的滤镜无疑放大了城市空间对“健康”的诉求，将健康城市设计的概念重新带回主流研究和实践的视野。在这样的背景下，我和徐跃家、刘平浩两位老师在2020年担任《AC建筑创作》杂志客座主编，组编了“健康建筑学：疫情滤镜下的建筑与城市”特刊。邀请建筑学、医学、公共卫生、管理学等学科的专家学者，分别从建筑、城市和疾病的角度解析了疫情滤镜下城市空间的问题与改进方向。相信与历史上每一次重大的流行病疫情一样，本次疫情也会带来城市设计的深度自省和重要发展。

应该意识到的是，“健康城市设计理论”并不是一股风潮、一阵流行，而是建筑学伊始的初心之一。在学科交叉、尺度交汇、数据和信息化极大发展的今天，城市空间如何服务于人类健康，充满了各种崭新的机遇与挑战。在这样的背景下，我们与中国建筑工业出版社合作推出“健康城市设计理论丛书”，尝试为读者提供健康城市设计方向的理论与实践推介。首期推出的4本包括《健康导向的城市设计》《感知健康的城市设计》《促进全民健身的城市设计》和《健康社区设计指南》。

人群健康与城市设计的学科交叉和理论融合，是一项长期持续的工作。“健康城市设计理论丛书”只是冰山一角，希望丛书的出版能够为我国健康城市设计理论研究添砖加瓦。

2022年6月

自序

“城市空间”和“人类健康”的关系是建筑学永恒的话题。在近代城市发展史上，“城市空间”与“公共卫生”已有过2次重要的结合。十余年来作者持续聚焦健康城市设计理论与实践，2016年出版的专著《城市易致病空间理论》聚焦城市空间与疾病的影响关系。2020年新冠肺炎疫情暴发后，“健康城市设计”再次引发了热烈讨论，第3次健康城市运动已经开始。《健康导向的城市设计》是“健康城市设计理论丛书”的第一本，梳理和分享了作者对当前健康城市设计领域的若干议题的思考。

一是回应城市管理和设计热点。2020年新冠肺炎疫情暴发以来，健康的需求影响到社会的方方面面。在人居环境范畴内，各种思潮涌动，“大健康”“康养设计”“医疗建筑”“健康城市”“健康住宅”和“健康社区”等热点层出不穷，急需基础的理论研究支撑。同时，在城市治理的决策中，规划建设部门和公共卫生部门有大量共同话题，急需搭建对话平台。在城市建设和更新改造实践中，每一项设计决策的“健康影响”急需评估方法和改造策略。本书正是回应城市管理和设计的健康需求，尝试给出回应。

二是绘制可能的交叉学科图景。“建筑学”与“公共卫生”有过3次结合。19世纪末应对卫生“脏乱差”与传染病问题，20世纪末聚焦快速“城镇化”与慢性病问题，今天则迎来了城市“全球化”与大疫情问题。面对当下的城市空间，在“健康城市设计”领域真正的交叉学科研究亟待推进。本书的内容涉及建筑学、公共卫生、医学、社会学，从理论、案例和思辨的角度尝试提供线索。

三是引入国际顶尖的规划案例。对健康的关注已经辐射到建筑学的多尺度和全过程。从“前策划后评估”阶段的“健康影响评估HIA”，到城市设计与改造中“健康设计导则”的制定，再到社区、街道、公共空间、建筑空间等具体设计问题的“健康设计策略”探索等。本书通过荟萃纽约、亚特兰大、北京和上海等全球范围内典型的案例，给管理者和设计师形象地介绍健康设计的思潮和策略。

四是探索中国特色的实践方略。由于城市建设特征和居民健康特征的双重差异，国外的经验不一定适合我国，过去的经验不一定适合未来。本书涵盖了作者近年来在北京、上海等我国大城市的实证研究，并介绍了相关课程教学和人才培养的情况，试图逐步探索适合我国的健康城市设计理论和策略。

综上所述，本书整合了作者近年来的研究和思考，包含理论、案例和思辨三个部分。理论部分试图构建健康城市设计理论的一些基本图景。探讨了健康建筑学的4个发展阶段、城市设计与居民健康3次结合的历史、防疫社区规划的5个维度以及3类大城市流行病与城市设计的关系。案例部分尝试分析和推介全球的健康城市设计案例。从健康建筑学所涉及的多尺度和全过程入手，通过亚特兰大、纽约和北京等城市的案例和实证，介绍了“健康影响评估HIA”和“健康城市设计导则”等方法工具和相关实践。思辨部分探讨健康城市设计可能的未来发展。通过对建筑学、医学等领域院士和专家的访谈，讨论了城市空间多义性和平疫结合设计等思潮，并介绍了作者近年来在北京和纽约等地进行的健康城市设计课程教学方面的探索。

期待《健康导向的城市设计》能够部分回应城市设计和城市管理中的健康需求，为建筑学、城乡规划学、风景园林学、医学、公共卫生学及公共管理等领域的政策制定者、学者、学生和一线设计师提供素材与工具。

感谢庄惟敏院士、朱畴文院长以及恩师朱文一教授的指点与帮助。感谢曹嘉添医生、金秋野教授、刘平浩老师、徐跃家老师、王岳颐老师的启发。感谢陶锦耀、侯珈明、梁莹、丁文晴、高栩、李竟楠、李麦琦、朱玉航、孙振鑫等同学参与本书的前期整理工作。最后特别感谢中国建筑工业出版社刘丹编辑，在她的大力支持和悉心工作下本书才得以付梓。

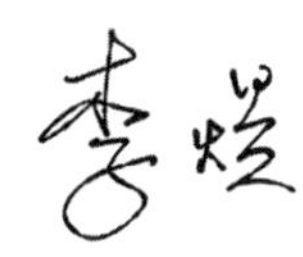

2022年6月于北京

目录

思辨

1

案例

理论

健康建筑学：从卫生防疫到健康促进

流行病：一部城市发展的历史

平非结合：防疫社区规划的五个维度

从“大城市病”到“大城市流行病”：三类疾病与城市设计

健康建筑学：从卫生防疫到健康促进[①]

2020年，一场突如其来的新冠肺炎病毒（COVID-19）疫情席卷全球。在经历过SARS、MERS等一系列呼吸系统传染病疫情后，本次疫情给人类社会造成了难以估量的损失，甚至有人将本次疫情与1918年造成至少2500万人死亡的“西班牙大流感”（Spanish Flu）相提并论。原本高度发达的当代城市空间和建筑空间，在疫情中暴露出了种种问题。

事实上，历史上每一次重大的流行病疫情，都带来了建筑学的深度自省和重要发展。19世纪传染病的大暴发推动了城市规划学科的出现，肺结核带来的疗愈生活方式促成了现代主义建筑的流行，20世纪末心理疾病和康复疗法的研究带来了高层住宅和景观设计的反思，近20年慢性病的大流行催生了活跃设计（Active Design）的推广。可以说，包含了传染病和慢性病在内的各种流行病，构成了一部建筑学的反思发展史。

透过疫情滤镜审视当代建筑学，可以发现多个维度的反思和创新正在涌现。“健康城市”在疫情后的讨论集中反映以下几组矛盾：

- 中国与西方对“健康”和“健康城市”的不同理解
- “疫情中”反映出的城市问题与“疫情后”要反思的城市问题
- 城市空间与居民健康的关系

① 原载于《建筑创作》2020年第4期10-19页《健康建筑学：从卫生防疫到健康促进》. 作者：李煜.

- 健康城市与健康建筑的概念、理论和发展
- 健康建筑学≠医养建筑
- 疫情中和疫情后城市空间效率与安全，封闭与开放，流通与管控的博弈

这些看似新生的问题，其实早已存在于城市发展建设当中。疫情的滤镜无疑放大了建筑学对“健康”的诉求，将健康建筑学的概念重新带回主流研究和实践的视野。应该意识到的是，“健康建筑学”并不是一股风潮、一阵流行，而是建筑学出现伊始的初心之一。在学科交叉、尺度交汇、数据和信息化极大发展的今天，建筑学如何服务于人类健康，充满了各种崭新的可能。

一、建立关系：空间影响健康

健康建筑学，至少需要回答“空间能否影响居民健康”“如何影响居民健康”和“如何整治城市和建筑空间提升居民的健康”几个疑问。

（一）健康

要回答“建筑学如何影响人类健康”的问题，需要先厘清什么是“健康”。

自人类诞生起，健康就是人类社会发展中受到广泛关注的议题，是马斯洛金字塔所定义的生存“最基本的需求”，而“健康”的定义也在随社会发展而演变和扩展。从没有疾病到身体和心理的康健，甚至健美（Fitness）和幸福（Well-being）。而随着物质文明的发展和人类平均寿命的增加，人们对于健康的关注和需求也越来

越强烈，这一趋势可以从健康相关产业的蓬勃兴起中发现。以美国为例：“健康相关产业所占的GDP从1960年的5%跃升到2007年的16%（2.3万亿美元）”[①]。根据世界卫生组织（WHO）提出的“社会意义下的健康模型”（图1-1），影响个人健康的环境因素可以分为1个核心和4个圈层。核心因素是“年龄、性别及遗传因素”，4个圈层包括“个人生活方式”“社区社交网络”“生活工作环境（工作环境、生活条件、医疗服务等）”和“普遍社会文化经济环境”。“城市空间”和“建筑空间”属于第3个圈层“生活工作环境”。4个圈层的环境因素之间的关系并不是单一的，某一类因素可以直接影响健康也可以通过影响其他因素而间接地影响健康。居民日常居住和生活的社区、住宅、办公空间、城市公共空间以及提供医疗健康服务的场所，对健康有着深远的影响[②]。

① ORSZAG P. R., ELLIS R. The Challenge of Rising Health Care Costs-A View from the Congressional Budget Office[J]. New England Journal of Medicine, 2007, 357: 1793-95.

② GEOFF G, TSOUROS A. City Leadership for Health: Summary Evaluation of the Phase IV of the WHO European Healthy Cities Network[M]. WHO Regional Office for Europe, 2008: 14.

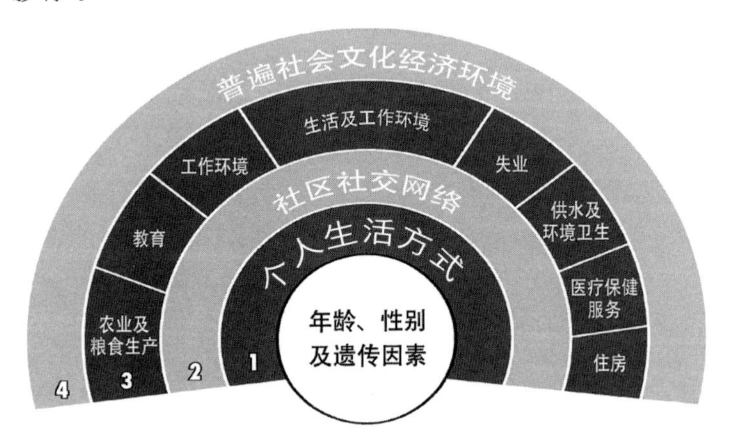

图1-1 社会意义下的健康模型
（图片来源：作者改绘）

（二）“空间—健康”双向影响

如前文所述，建筑空间和城市空间对人的健康是有影响的，这种影响的方式和效果正是“健康建筑学”关注的核心。在此需要说明的是，这种影响是双向的，也是有分级程度的，而非简单的黑白二元（图1–2）。这种影响可能是负面的，比如说某些不良的设计甚至会引起居民患病，或者加剧疾病的传播。这种影响也可能是正向的，比如通过设计预防疾病、帮助康复、辅助运动，这可能会促进居民的健康。因此，建筑学所讨论的空间和场所，可以在“抗击疾病”和“推动健康”两个方向发挥作用。因此，我们需要把思维

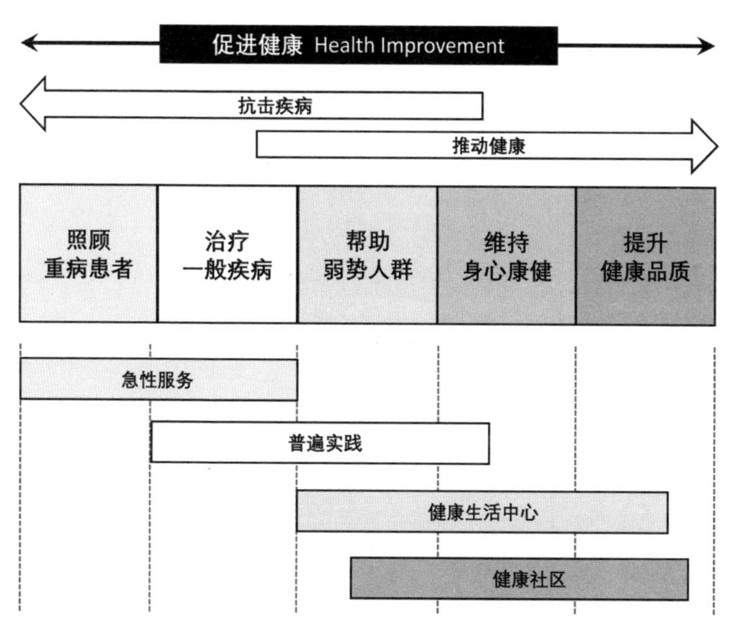

图1–2 健康的不同理解程度使得“健康空间”在建筑学中的定义有两极区别
（图片来源：作者改绘）

扩展到更多的学科领域，而不仅仅局限于医院设计、传染病等领域。这里就引出一个重要的思路，城市空间和建筑空间会不会影响人的健康，跟这个空间本身的功能是分离的。从类型上看，我们讨论的不只是医院、疗养院或者健身房，因为这些空间是我们认知中提供健康服务的场所。医院的功能是治疗疾病，但患者的病并不一定是医院导致。大部分的慢性非传染性疾病和心理疾病，是在大量性的日常居住工作的建筑和城市环境中产生的。健康建筑学所关注的，是"空间—健康"之间的双向影响机制，研究对象是更广泛的建筑空间和城市公共空间。

（三）空间与疾病

疾病虽然不是健康的完全对立面，却是健康最大的威胁。从广义上说，疾病可以概括为人的身心处于一种医学上认为的不正常状态，使得人无法达到健康的标准。世界卫生组织提出了"国际疾病伤害及死因分类标准"即ICD-11系统，用来分类概括当前人类所面临的所有疾病。"人类疾病谱"（Human Disease Patterns）则是一个统计概念，"通常来说疾病谱指的是人类患病率或者死亡率排名前十的主要疾病"[①]。从这个意义上讲，疾病谱表征了某一个特定时代、特定地域的居民最主要的健康问题。因此关注疾病谱的排名和转化，对于把握人群意义上的健康有着重要的意义。在人类历史上,"霍乱""肺结核"等严重的传染病曾经占据疾病谱的首要位置，导致了大面积的患病并伴随着极高的死亡率。20世纪后半叶，包括我国在内的世界大部分地区，人类疾病谱开始转变，"慢性非传染性疾病"成了疾病谱中最重要的健

① BARTON H, GRANT M, GUISE R. Shaping neighbourhoods for health, sustainability and vitality[M]. Routledge, 2003: 98.

康威胁。2020年，新冠肺炎登上历史舞台，成了疾病谱中致死和致残率较高的疾病。

我们经常讨论一个词叫“大城市病”[①]，这无疑是一种隐喻，它指的是大城市的规划和运行不合理，导致了职住分离、拥堵拥挤、污染和其他问题。还有一种流行的说法是城市蔓生（Urban Sprawl），即超大城市的无序扩张。李道增院士在他的经典著作《环境行为学概论》中提到了“大城市的不正常与病态”（Deviance and Pathology of Cities）的概念，这一表述同时包含了“大城市容易导致居住者病态”和“大城市本身的‘病态’现象和社会问题”两重含义。“人”和“城市”都是这一概念中的“患病主体”。在环境行为学研究中，李道增院士将大城市的不正常与病态分解为三类，即“器质性病态、精神病态和社会病态”[②③]。

我们讨论“健康建筑学”，则需要研究“大城市的流行病”。“流行病”这个概念随着疫情的暴发越来越受人关注。事实上“流行病”不只包括传染病，只要一种疾病在人群中大范围传播，就可以称作“流行病”。而大城市流行病中，有一大部分与不良的建筑设计和城市设计相关。疾病的“成因”是非常复杂的，包含了基因遗传、病原传染、环境刺激等一系列复杂的机制。中文的“疾病”两个字从造字法上就暗示了以“遗传”为代表的内发致病因素和以“环境”刺激为代表的外来疾病致病因素（图1–3）。

过敏和呼吸疾病、心理疾病、营养代谢类疾病等“空间相关流行病”的病因虽

① 所谓“大城市病”，通常是指一个城市因规模过大而出现的人口拥挤、住房紧张、交通堵塞、环境污染等问题。在我国，通常关注的是城区常住人口超过1000万的超大城市。值得注意的是，由于城市规划的种种问题，大城市病有蔓延的趋势。部分特大城市（城区常住人口500万～1000万）和大城市（城区常住人口100万～500万）也出现了上述问题。

② 严真化. 科学地估量当代的疾病结构[J]. 医学与哲学，2004，5：1.

③ 李道增. 环境行为学概论[M]. 北京：清华大学出版社. 1999：103–106.

疾 ➡ 疒+矢 ➡ 外来因素

病 ➡ 疒+丙 ➡ 内发因素

图1-3 “疾病”的中文造字含义与疾病的双重成因

有部分基因因素作用，但其在世界各大城市大规模流行，则已被证明与城市空间相关。这些因素可以直接“产生致病病原”，包括各种理化生毒物、过敏源等；也可以“帮助病原传播”造成传染病疫情，如楼栋分布、深槽天井等；或者通过“影响生活方式”间接导致三高、心血管疾病等慢性病，例如功能混合度低、步行指数不足、城市食景不佳等①；还可能通过“充当心理刺激源”导致心理不适和疾病，如噪声、拥挤、自然接触缺乏等直接刺激源和社交、社区声誉不佳等间接刺激源。这些因子虽然在病因学中指向不同流行病，却同时存在于城市空间中，彼此有着博弈和相关关系（图1-4）。

① 城市食景（Urban Foodscape），用来描述当代大城市中饮食系统与城市空间的关系，包括食品生产、运输和销售等多个环节。城市食景的地理分布、食品安全、物流运输等空间要素直接影响着市民的饮食习惯和饮食质量。城市实景是影响居民健康生活习惯，造成肥胖症等慢性病流行和多种传染病传播的空间因素之一。

二、交叉交错：打破学科与尺度

（一）学科交叉

今天我们讨论“健康建筑学”的话题，其实至少横跨了两个学科，一个是建筑学，另外一个是公共卫生。环境影响健康虽然已经是公共卫生领域内一个重要的分支学科，但从“城市设计”和“建筑设计”等学科的角度研究“城市空间设计”影响“居民健康”的

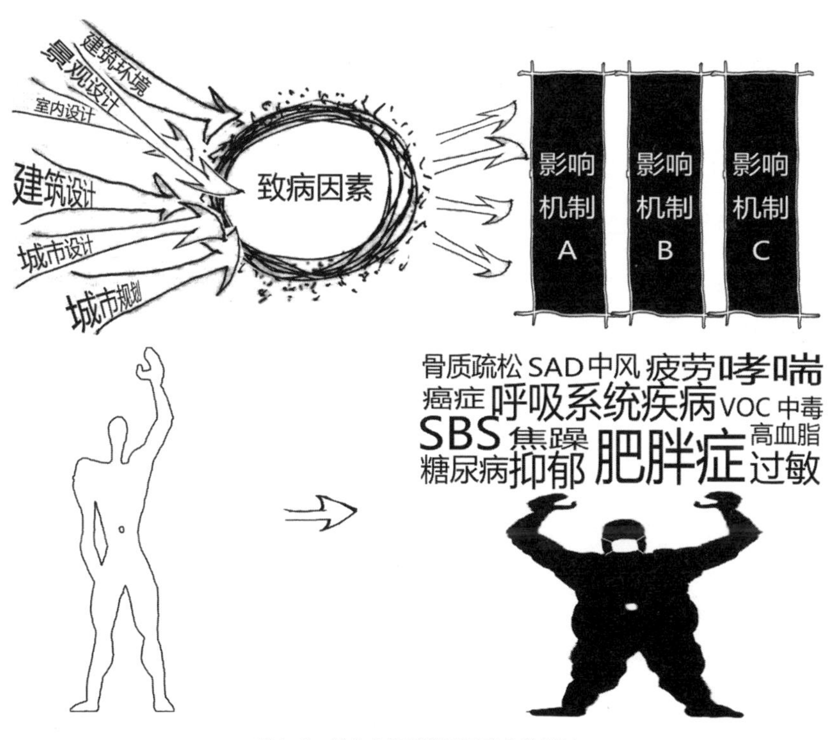

图1-4 城市空间引发居民患病的机制

问题，却是从近代才开始的。随着城市发展进程的大幅加快，这种结合不仅包含了传统环境健康研究的“空间产生致病病原”等问题，更包含了城市空间与“生活方式”“心理刺激”等新的影响因子的关系。健康建筑学的相关基础理论研究具有交叉性、综合性的特点，涉及“建成环境”与“公共卫生”框架内的多个交叉学科，如建筑学（包括城市规划、城市设计、建筑设计、景观设计及建筑技术等）、环境心理学、流行病学、预防医学、康复医学、医学社会学、医学地理学、心理学等（图1-5）。具有研究主体繁多、研

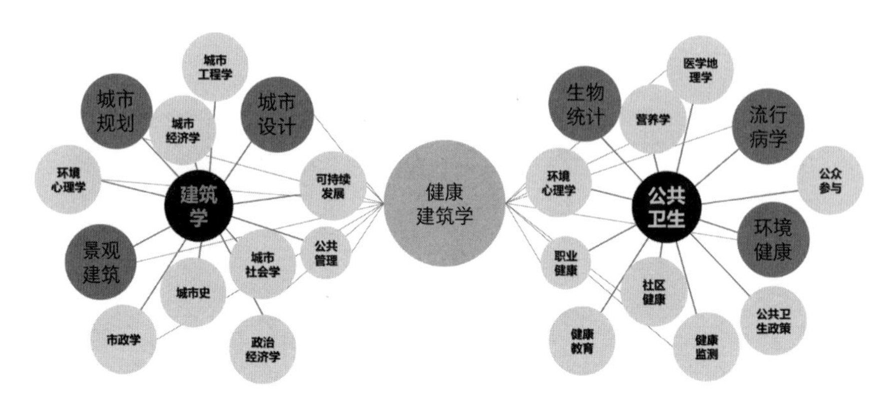

图1-5　城市空间引发居民患病的机制示意图

究背景交叉、研究方向分散、研究成果零散等特点。在疫情的倒逼推进下，更深层次的学科交叉已经迫在眉睫。

（二）尺度交错

在学科交叉的基础上，需要回答下一个问题，我们谈的尺度到底是什么，是方舱医院、住宅、社区还是城市空间？

由于影响健康的要素不同，“健康建筑学”所关注的尺度，包含了当代“大城市”中在建筑学理论的指导和参与下，经过城市规划师和建筑师规划设计而形成的空间。值得说明的是，建筑学的定义有狭义和广义之分。狭义上的建筑学主要指建筑设计及其理论，而吴良镛院士提出的“广义建筑学”概念则包含了“建筑设计、城市规划、园林景观等多个尺度的研究和聚居、地区、文化、科技、经济、艺术等多个维度”[①]。“健康建筑学”包含了广义建筑学定义的城市、建筑、景观学科所研究的城市街区、建筑空间和景观空间。其核心是通过医学的视角和建筑学的手段来解决一些大的公共卫生的问题。在

① 吴良镛. 广义建筑学[M]. 北京：清华大学出版社. 1989，3.

① BARTON H, GRANT M, GUISE R. Shaping neighbourhoods for health, sustainability and vitality[M]. Routledge, 2003: 98.

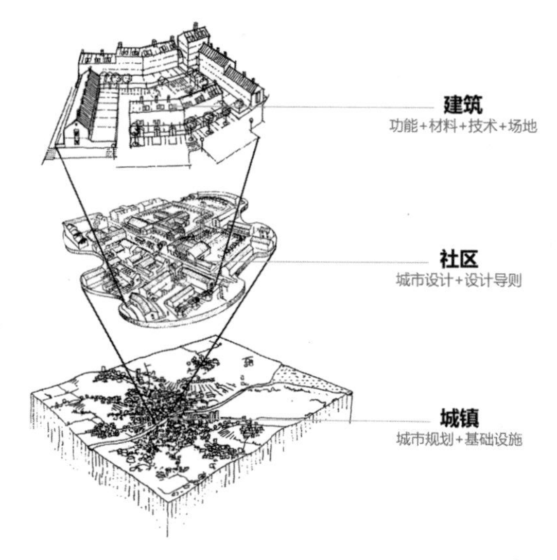

图1-6 健康建筑学所涉及的尺度：城镇、社区和建筑[①]
（图片来源：作者改绘）

建筑层面，涉及日常大量使用的建筑，解决材料和空间的健康问题。在城市层面，规划与基础设施引发环境健康和传染病问题。更为核心的是在社区层面，城市设计对于居民的日常运动、生活轨迹乃至生活方式有着重要影响，这对于居民健康有着深远的意义（图1-6）。

三、多重角色：空间之于健康

奥斯瓦尔德·马提亚斯·昂格斯（Oswald Matthias Ungers）对于“人体”“城市空间”和“机械系统”有过一系列的隐喻，类比了神经系统、骨骼、肌肉和消化系统与城市空间中交通、基础设施、公共空间的对应关系（图1-7）。这种隐喻显然是有趣但又松

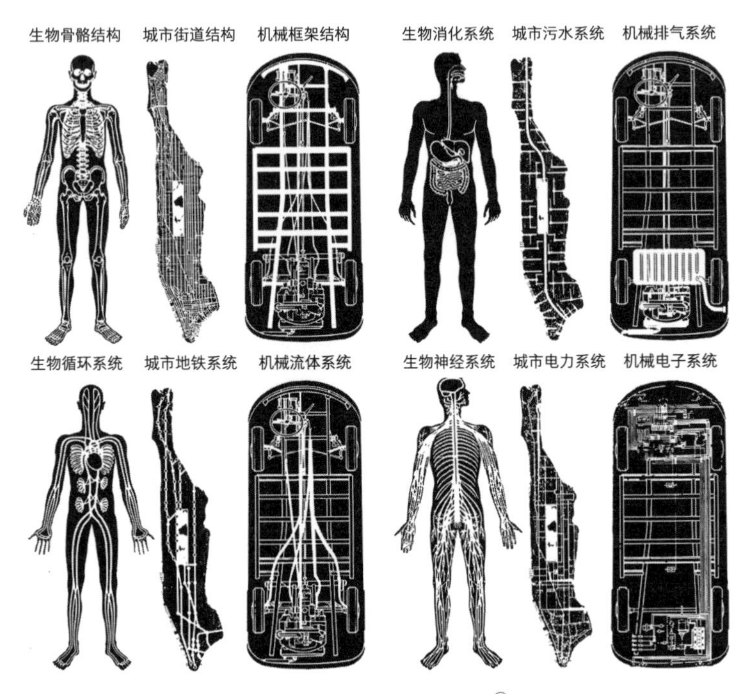

图1-7 城市、机械与人体系统隐喻①
（图片来源：作者改绘）

散的。事实上，在上文所定义的“健康建筑学”框架下，当代城市流行病的种种问题指向城市空间本身。国内外建筑学学者在近30年尤其是近10年来已经产生了一系列“城市空间影响健康”机制的相关研究话语与实践。根据城市空间所扮演的角色，可以将健康建筑学的实践分为4个维度，包括“卫生/防疫”（Hygiene/Immunization）“疗伤/康复”（Healing/Recovery）“疗法/安慰剂”（Therapy/Placebo）和“预防/促进”（Prevention/Health-Oriented Design）。

① RILEY E C, G MURPHY, R L RILEY. Airborne spread of measles in a suburban elementary school[J]. American Journal of Epidemiology. 1978, 107(5): 421-432.

（一）卫生/防疫

最初的健康更多是指“卫生/防疫”（Hygiene/Immunization），其词源是干净（Hygiene），希腊神话中的健康女神就叫作海杰娅（Hygeia）。从第一个健康城市的雏形“海杰娅城”[①]开始，整治“脏乱差”的城市空间，提供干净卫生的场所，预防各类传染病疫情传播，就是健康建筑学的一个主要分支。空间的卫生与防疫角色，伴随着整个建筑学的历程，在今天仍然是不可逃避的问题。传染性的呼吸疾病，几个世纪以来一直困扰着人类的健康。流感、肺结核等疾病甚至一度是导致非自然死亡的重要元凶。传染性疾病一般都由细菌或者病毒引起，而已经患有这些疾病的患者和潜伏期的感染者会携带这些致病病原。传统的防止呼吸系统传染病大面积流行的办法，是减少与携带病原的患者直接接触。因此，在不少情况下通过对患者的隔离可以有效抑制传染。然而，大部分的呼吸系统传染病通过飞沫传播，在某些情况下即使不与患者直接接触，病原也有可能通过空气传播。因此，建筑的通风设计如果不能隔离患者与其他人所呼吸的室内空气，就可能导致传染性呼吸疾病的间接传播。在公共建筑中，由于空间较为开敞，并且有中庭等空间沟通各个功能房间，很难做到人与人之间的隔绝，呼吸疾病的传染与其他私密性较强的建筑相比更为迅速。

在学校等其他公共建筑中，建筑的通风设计问题也可能导致各类通过空气传播的传染病的暴发。早在20世纪70年代，美国学者理查德·L. 赖利（Richard L. Riley）等研究了纽约州北部郊区一所小学的麻疹传染全过程。他们跟踪了这次麻疹从开始传染到二

① RICHARDSON, BWARD. Hygeia, a city of health[M]. Library of Alexandria, 1876.

次传染再到麻疹病毒消失的全过程，并得出了这一次麻疹的流行病学规律（Epidemic Pattern）[①]。在住宅设计中，通风设计的防疫要求并没有医院、学校和其他公共空间那么严格。当代大城市内的住宅形式以高层或多层住宅为主，各户住宅之间靠楼板和分户墙分隔。住宅的私密性比公共建筑强得多，因此各户之间空气的流通途径非常有限。然而，在某些严重的呼吸系统疾病暴发时，由于住宅设计没有考虑到的某些原因，通风设计问题造成的大面积传播问题更为严峻。与新冠肺炎极为类似的是2003年的非典型性肺炎SARS。这是当代历史上少有的呼吸系统疾病引起大量死亡的案例。SARS病毒通过飞沫和空气传播，即使在没有直接接触的情况下，病毒也可能通过建筑通风设计的漏洞扩散。香港淘大花园的案例就证明了这一传染途径，并且引起了包括建筑设计在内各个专业的警觉。在SARS期间，淘大花园先后出现300多例感染者，患者大部分集中在两栋住宅楼内。在淘大花园的案例中，通风天井成了病毒传播的空间（图1-8）。由于住宅建筑对采光和通风的强制要求，像淘大花园的高层建筑这样的“深槽天井”设计成了住宅设计中节省面积同时满足规范的设计手法。在SARS疫情过后，新的住宅设计中已经尽量避免深槽天井的设计。

① OSWALD M U. Morphologie: City Metaphors[M]. Köln: Walther König, 2011: 102.

（二）疗伤/康复

城市空间的第二个角色是疗伤/康复（Healing/Recovery），空间和景观设计可以辅助患者康复，甚至做为疗伤手段。这一角色的起源可以追溯到1984年，美国学者罗杰·S.乌尔里希（Roger S. Ulrich）在《科学》杂志上关于窗外的景观与病人康复时间关系的

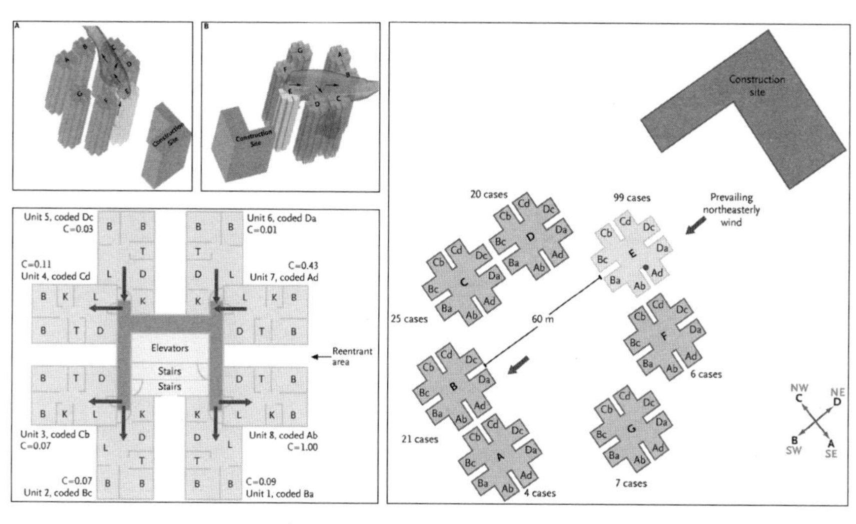

图1-8 淘大花园首例SARS病患向其他楼宇传染途径示意图
（图片来源：作者改绘）

纵向研究①。这一研究最早证明了自然景观对于患者康复的作用，在缺乏自然景观，仅仅能看到砖墙的对照组患者的恢复速度和情况都较差。这直接推动了“康复景观”（Healing Garden）和“循证设计”（Evidence Based Design）两个重要思潮的出现。

① ULRICH R. View through a window may influence recovery[J]. Science, 1984, 224(4647): 224-225.

首先，传统的医院“治病工厂”般的效率先导设计被证明不利于患者康复，同时对医护人员和家属并不友好。循证设计的出现逐步改善着医疗相关建筑的设计，使之朝着更为人性化、社会化的方向发展。循证设计侧重于研究建筑和周边空间的康复作用，着力于根据医学证据提升空间的质量，帮助和推动患者康复。而更为独立的、完全家庭式的康复空间也在20世纪90年代开始出现。循证设计的思路已经逐步从医疗建筑扩展到更广泛的公共建筑设计之中。

同时，在循证设计思潮的影响下，20世纪90年代开始产生了一系列“康复景观”和“园艺疗法”等领域的研究和实践，包括克莱尔·库珀·马科斯（Clare Cooper Marcus）的著作《康复花园：治疗中的优势与设计建议》等[①]。在社区规划与城市设计中发现，景观植物的添加和与自然的接触对居民的心理健康同样有着积极的促进和恢复作用。反之，设计中缺乏绿色自然接触，则容易导致使用者心理疲劳、精神无法集中等心理问题。乔治卡普兰（George A Kaplan）的研究表明，在工作场所难以看到和接触到自然景观的职员对于工作和生活的满意度更低[②]。托马斯赫尔佐格（Thomas R Herzog）的研究甚至表明，缺乏自然接触的城市环境更容易引起居民的“犯罪恐惧”[③]。在这样的前提下，2003年芝加哥植物园推出了“康复花园设计”的认证课程，教授如何通过景观设计的方式预防疾病和帮助康复（图1-9）。这一课程至今已经开设近20年。康复花园设计认证培训一般为集中培训8～9天，包括一天的讨论课。这一培训不只针对专门从事这一领域工作的风景园林师，也适合于护理专业、职业治疗师和相关项目管理人员。讲授内容包括康复花园的知识、设计理念、设计工具和管理评估等。

① MARCUS C C, MARNI B. Healing gardens: Therapeutic benefits and design recommendations[M]. John Wiley & Sons, 1999.

② KAPLAN R. The role of nature in the context of the workplace[J]. Landscape and Urban Planning. 1993, 26: 193-201.

③ HERZOG T R, CHERNICK K K. Tranquility and danger in urban and natural settings[J]. Journal of Environmental Psychology. 2000, 20: 29-39.

（三）疗法/安慰剂

城市空间的第三个角色是疗法/安慰剂（Therapy/Placebo），即城市空间和建筑空间通过间接的心理疗法和安慰剂效应帮助病患

图1–9 芝加哥植物园“康复花园设计”认证培训课程招生材料
（图片来源：www.chicagobotanic.org/school/certificate/hgd）

治疗和促进健康。替代疗法已经被大多数医疗机构或多或少地认可，部分取代了传统西药。安慰剂效应（Placebo Effect）是20世纪60年代以来使用广泛的一种替代疗法。其核心是只要患者和主治医生或护理人员真正相信，那么某种药物或手段就可以有效。治疗的科学性或合理性发生了根本变化：正是患者与安慰剂之间的关系刺激了治愈。在这样的前提下，作为安慰剂的药物和治疗方法一时盛行。城市和建筑空间作为一种安慰剂的角色在20世纪90年代开始出现。“麦琪之家”（Maggie's Centres）就是一个安慰剂建筑的典型案例。与普通的医疗建筑不同，几乎每一座“麦琪之家”都邀请了OMA等知名建筑设计事务所设计。设计中注重与自然的接触和内部的温馨家庭氛围（图1–10）。

根据斯坦福大学医学院的精神病学和行为科学专家建议，心理社会干预措施可以增加人的寿命。“麦琪之家”的创建是为了给癌

图1-10 被誉为“安慰剂建筑”的“麦琪之家”
（图片来源：www.maggiescentres.org）

症患者提供舒适的场所，使医生、患者和家庭之间的互动变得容易，在许多层面上都充当了安慰剂的角色，为护理人员和患者提供了支持。英国各地的“麦琪之家”均反映了癌症患者的种种心理新需求，并提供了实际的建筑实例，以不同于现代“治疗”建筑的方式解释建筑、健康和治疗之间的关系。这些项目还倡导了一种新的舒适观念，不再从人体工程学或热学角度来理解，而是关注整体身心健康。患者不仅在“麦琪之家”得到护理，更在此相互交流，组织各类分享活动和社交互助活动。可以说，建筑作为安慰剂已经成为一种行之有效的“假药”疗法。

（四）预防/促进

城市空间的第四个角色是预防疾病和促进健康（Prevention/Health-Oriented Design）。近30年来，慢性非传染性疾病逐渐成了比传染性疾病更为严重的健康威胁。过度的城市扩张和效率优先的城市发展模式造成了新的城市流行疾病，建筑学对人的生理、心理和社会健康造成了多方面的影响。当代，汽车取代了传统的交通工具；在“效率优先”的建筑设计中，乘坐电梯和自动扶梯取代了爬楼梯的日常运动；在公共活动空间步行指数和可达性低的城市设计影响下，电视、电脑等室内娱乐取代了传统的体育锻炼和娱乐。缺乏锻炼和室内久坐的生活方式直接导致了肥胖症和相关疾病的发生。肥胖症的诱因，有基因和遗传的因素，但其在全球范围内的大面积暴发，则是不良生活方式导致的。20世纪后半叶以来城市规划和建筑设计的种种问题导致了这些生活方式的养成，是现代主义之后“经济优先”“效率优先”的城市规划和建筑设计思维方式引发的。郊区化和城市无序扩张导致了“肥胖城市”（Fat City）[①]的种种弊端。而与之相对的“健美城市”（Fit City）思潮开始兴起。纽约市从2006年起召开健康健美城市（Fit City）大会（图1-11），研究城市规划设计对居民肥胖症的影响和可能举措。在这样的背景下产生了“活跃设计”（Active Design）这一新的建筑设计和城市设计思潮。活跃设计的内涵是通过城市规划设计和建筑设计的手段，提升居民日常锻炼的可能性。“提高用地功能混合度”“提升城市步行指数”“建设推广慢行系统”和“优化城市饮食分布”是“健美城市”的主要研究和实践方向[②]。在建筑设计方面，现代主义建筑的设计核心理念是便捷和效率，然而高层建筑尤其是高层住宅的大量出现使得电梯和自动扶梯代替楼梯成为居民日常的垂直交通方式。“增加楼梯的日常使用”“提升公共空间品质”和“设计专有活动空间”是“健美楼”的发展方向。

① MIRKO ZARDINI, GIOVANNA BORASI. Imperfect Health: The Medicalization of Architecture[M]. Canadian Centre for Architecture.

② 李煜，朱文一. 纽约城市公共健康空间设计导则及其对北京的启示[J]. 世界建筑，2013（9）：130-133.

图1-11 “健美城市大会”历年宣传册
（图片来源：http://cfa.aiany.org）

可以说，健康建筑学的研究视角在近20年已经从“卫生/防疫”转变为“疗伤/康复”甚至“疗法/安慰剂”和“预防/促进”，即针对可能直接导致健康问题和通过影响行为、心理，间接导致健康问题的城市建筑空间，从预防和健康促进的角度优化设计，以预防相关疾病的发生，提升居民的健康水平。以上4种思潮，在健康建筑学的理论和实践中虽然是先后出现的，却在当代并存。

四、回归初心：健康建筑学

综上可以看到，疫情的滤镜再次把“健康”这一话题带回建筑学的主流视野。而“健康建筑学”的研究和讨论在时间和空间上都远远不止于此。推动建筑学与公共卫生的交流和对话，完善“健康建筑学”的话语和实践，有着深远的意义。

从学术的角度，大城市流行病已经引起了全球范围内的关注，建筑学角度的系统理论亟待提升。将城市空间的“致病因素”纳入疾病监控和环境健康的视野是亟待解决的学术问题。而从建筑学的角度来看，“健康建筑学”关注的往往是城市中“被忽视、被遮蔽、被遗忘”的问题，同时又是属于影响城市宜居的基础问题[①]。从现有的理论图景来看，虽然已经有大量针对某一类疾病或者某一种空间健康因素的关注，但这些研究仍然较为零散和片段，并没有形成系统的理论框架。

从实践的角度，“健康建筑学”在服务城市建设的实际工作中具有多重的意义。针对城市卫生部门，理论梳理和空间—健康影响机制呈现，可以帮助完善公共卫生工作的思路，为疾控部门多元考虑健康问题提出解决策略，提供研究基础。同时，针对城市建设部门，可以为新的城市规划项目和建筑设计项目的规划设计评估提供“健康”方面的依据，为专项规划的制定和健康导则的提出提供理论基础。对城市规划师、建筑师和景观设计师等专业从业者来说，则可以提供实践指导，以点带面提升城市空间品质。

从社会的角度，揭示“疾病”“健康”和“空间”的关系，具有极强的价值。针对广大城市居民，可以提供相关疾病的预防常识，普及住宅和办公空间的健康设计问题，扭转空间相关的不良生活方式。通过审视居住和办公的日常空间，主动采取改良和整治措施。对城市管理部门而言，则可以丰富思维视角，加强公共卫生、城市规划、城市建设等不同行政主体间的沟通和数据分享，为建设“健康城市”提供联动平台。

① 朱文一. 城市弱势建筑学纲要[J]. 建筑学报，2013（11）：8-13.

流行病：一部城市发展的历史[①]

2020年，一场大规模疫情的暴发，使得“健康城市”的概念再次受到建筑学和公共卫生领域的关注。事实上,《圣经》中就有关于什么样的住宅建筑容易导致疾病的相关记载[②]。服务于卫生和祛除疾病的建筑空间甚至可以追溯到古罗马的公共浴场。“城市空间”与“人类健康”的关系，是人类城市发展进程中受到持续关注的传统问题。

较早的公共卫生与建筑学的结合可以追溯到1876年英国物理学家本杰明·理查德森（Benjamin Ward Richardson）的著作《海杰娅·健康之城》(*Hygeia, City of Health*)。海杰娅是希腊神话中管理健康的女神，书中以这位女神的名字命名一个以“健康”为目的建造的城市。海杰娅人口约10万，在4000英亩土地上排布2万所房屋。本杰明将海杰娅城设想为一座严格规划的城市，通过环境和行为双重约束达到健康的目的（图2-1）。

在近代城市历史上，围绕着“传染病”和“慢性病”两类最重要的大城市流行病，建筑学和公共卫生两个学科曾经有两次结合。这两次结合不仅为流行病防控和居民健康提供了助力，更推动了建筑学本身的

① 原载于《建筑创作》2020年第4期30-37页《公共卫生与建筑学的三次结合》. 作者：李煜，侯珈明.

②《利未记》(*Leviticus*）第十四章34～57节中有麻风病与致病住宅的段落。牧师告诉以色列人，如果在他们的住宅里发现麻风和其他灾病，会有人马上来检查他们的房屋。如果墙壁上有红绿斑点就关闭这间房子，7日不得进入。7日后墙壁上的斑点扩大蔓延，就需要马上拆毁房屋。原房屋的石料不得被用于建造新的房屋。墙上这些斑点被认为是引起麻风和其他疾病的霉菌等不洁的致病病原。

图2-1 建筑师Joshua Arnold根据想象绘制的海杰娅城剖面
（图片来源：http://drawingarchitecture.tumblr.）

发展，带来了城市设计、建筑设计的一系列理念更新。此刻，信息化、全球化的发展，大疫情的爆发又再次对建筑学这一传统的学科提出了种种挑战，第三次结合正在发生。

一、第一次：卫生“脏乱差”与传染病（19 世纪末起）

现代意义上的公共卫生和建筑学的“第一次结合”开始于19世纪，当时的公共卫生专家和建筑师通力合作，通过一系列的空间整治手段解决了当时工业城市中“传染病”大面积暴发的问题。整治“脏乱差”的工业革命后城市的“易致病”空间成就了公共卫生与建筑学学科的第一次结合，更成了现代意义上公共卫生和城市规划的起源之一。

“第一次结合”带来了3个显著的成果：流行病学的诞生、城市规划学科的出现和现代主义建筑的萌发。

（一）疫情地图与流行病学的出现

17～18世纪工业发展带来了城市的大规模扩张，住宅急剧增加，街道昏暗拥挤，缺乏输水系统等问题造成了空前的健康危机。包括疟疾、黄热病、伤寒在内的“传染性疾病”迅速流传。而这些传染病的暴发往往与居住工作场所的卫生条件差，基础设施缺乏有关（图2-2）。

当时的公共卫生问题首先出现在工作场所的卫生与健康方面。英国学者查理斯·特纳·撒克里（Charles Turner Thackrah）对利兹

图2-2 19世纪末“脏乱差”的纽约街道
（图片来源：national library of medicine）

城的贫民区展开研究，于1831年出版了一本专门的著作来讨论工人阶层的工作场所卫生情况[1]。同时，美国学者爱丽丝·汉密尔顿（Alice Hamilton）在伊利诺伊州和哈佛大学的研究揭示了工作场所和工人健康的关系，指出“卫生环境不良”的工作场所如矿山、工厂等可能导致大面积的工人患病。在公众的抗议和改革者的推动下，英国开始了改善工作环境的运动，这一运动推动了相关法律法规的制定，1833 年颁布了《工厂法》（*Factory Act*），1842 年颁布了《矿山法》（*Mines Act*）这两部法规保障了“工作空间”的卫生和健康。

17～19世纪另一个公共卫生领域的重大发展是流行病学（Epidemiology）的出现。运用流行病学的研究手段可以追踪某一疾病暴发的环境因素。

17世纪英国学者约翰·格朗特（John Graunt）关于“伦敦每周的死亡记录的研究”（Natural and Political Observations Made Upon the Bills of Mortality）是最早的关于人口统计的正式研究之一。19世纪威廉·法尔（William Farr）的研究奠定了人口统计和环境健康研究的基础，他描述了出生率和死亡率，研究了城市和郊区的区别并且发现了某些城市空间环境因素与疾病和死亡之间的联系。他对利物浦死亡率的研究推动了《利物浦卫生法》（*Liverpool Sanitary Act*）的制定。同时代的学者埃德温·查德威克（Edwin Chadwick）于1842年发表了经典的题为《劳工人群卫生报告》（*Sanitary Conditions of the Labouring Population*）调查报告，这一报告清晰地指出了包括“生活空间拥挤、居住空间

① THACKRAH C T. The Effects of Arts, Trades, and Professions, And of Civic States and Habits of Living, on Health and Longevity: with Suggestions for the Removal of Many of the Agents which Produce Disease, and Shorten the Duration of Life[M]. Longman, Rees, Orme, Brown, Green, & Longman, 1832.

肮脏、污水池及厕所露天、生活用水不洁、空气雾霾严重”[①]等城市空间状况导致疾病的问题，为公共卫生改革提供了强有力的研究基础。1848 年颁布的《公共卫生法》（*Public Health Act*）确定了对街道清洁、垃圾回收和输水排水系统建设的要求，自此城市规划开始全面参与到公共卫生和疾病控制工作中。学者约翰·斯诺（John Snow）等人创立了伦敦流行病学协会（London Epidemiological Society）。1854年伦敦暴发大规模霍乱时，约翰·斯诺首次开展了现代意义上的流行病学调查，并且把所有病患的传染轨迹和生活空间位置用地图的形式进行标记。他的研究发现，生活在布罗德大街周围或饮用布罗德大街输水管输送饮用水的人群，患病比例远高于其他人群（图2–3）。

① CHADWICK E. 1842. Report on the sanitary condition of the labouring population of Great Britain: supplementary report on the results of special inquiry into the practice of interment in towns. HMSO, 1842.

19世纪另一个重大发展是政府卫生部的建立。美国公共卫生协会（American Public Health Association）成立于1872年，而美国卫生部（National Board of Health）成立于1879年。卫生部以政府部门的形式制定公共卫生政策，管理和控制了疫病的传播。

（二）城市规划学科的诞生

城市拥挤不堪，缺乏垃圾、水和污水处理系统等空间规划问题，导致了传染病肆虐和城市大火等公共卫生问题，推动了现代意义上城市规划学的出现。以城市为尺度的基础设施建设促使城市规划师与公共卫生专家通力合作。用地规划、交通规划和各种大型基础设施建设开始兴盛。19世纪末20世纪初成了“大手笔规划”的时代。以纽约为例，输水系统的建立为纽约人从威彻斯特引来新鲜

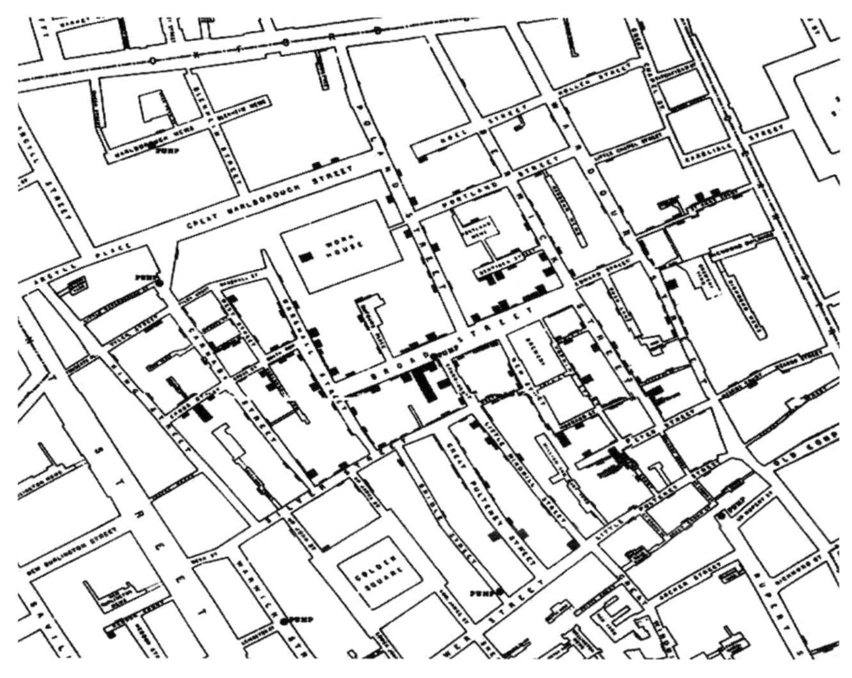

图2-3 伦敦布罗德大街的输水管道与霍乱患病分析图
（图片来源：http://commons.wikimedia.org）

的水。而1857年中央公园的建设则“为工作的人的肺带来新鲜空气”[①]（图2-4）。1904年的第一条地铁路线开通促使纽约从曼哈顿扩张到布朗克斯，部分解决了当时的人口扩张问题。我们现在十分熟悉的分区规划、采光间距、基础设施规划、防火规范等要求，都来自于19世纪对于传染病等健康问题的防控。毫无疑问城市规划师和公共卫生专家通力合作，通过改进城市规划，街道和社区帮助市民战胜了由城市空间“脏乱差”导致的传染病肆虐的问题。

① DANNENBERG A L, HOWARD F, RICHARD J J. 2011. Making healthy places: designing and building for health, well-being, and sustainability[M]. Washington DC: Island Press, 2011.

图2-4　1902 年纽约中央公园中的集市
（图片来源：Library of Congress Prints and Photographs）

（三）现代主义建筑的诞生

1901年纽约《租房法》（*Tenement House Act*）通过，禁止设计和建造缺乏采光、密不透风的居住建筑。1916年新的规划条例通过，规定随着建筑高度的增加需要从街道退线，并需要加大建筑间距使光线和空气进入街道。当代建筑设计中的采光、通风、退线等基本要求都来自于对传染病的防治。此外，19世纪末到20世纪中叶，城市极速扩张的大背景下，工人群体居住空间肮脏混乱、过度拥挤极易导致传染病的传播。肺结核作为其中一种严重的传染病，在工业化进程中的大城市贫民窟工人群体中大面积流行。19世纪末专业的疗养院和精神病院作为新的建筑类型出现，使得肺结核病人和心理疾病的病人被与正常社会隔离。“新鲜空气和充足的阳光”被证明是治疗肺结核的有效手段之一，因此疗养院率先采用了

“平屋顶”“阳台”“大条窗”等设计元素。由于肺结核在大城市的流行，以“阳光浴”为代表的健康生活方式也开始在城市居民中推广。柯布西耶提出的现代主义建筑“五要素”中，就包含了当时被认为代表了先进生活方式的“平屋顶”和“阳台露台”设计[①]。可以说，从空间的角度防治肺结核等传染病，“推动了现代主义建筑思潮的形成，并且提供了相应的形式风格元素”[②]（图2-5）。

截至20世纪40年代，针对健康城市设计的城市规划和建筑设计，帮助遏制了霍乱和肺结核等曾经严重威胁城市居民健康的传染病，至此公共卫生与建筑学完成了第一次合作。应对传染病的一系列城市空间整治工作极大地推动了公共卫生、城市规划和建筑设计学科与实践的发展。

① 勒·柯布西耶. 走向新建筑[M]. 陈志华，译. 北京：中国建筑工业出版社，1984.

② CAMPBELL M. What tuberculosis did for Modernism: the influence of a curative environment on modernist design and architecture[J]. Medical history, 2005, 49(04): 463-488.

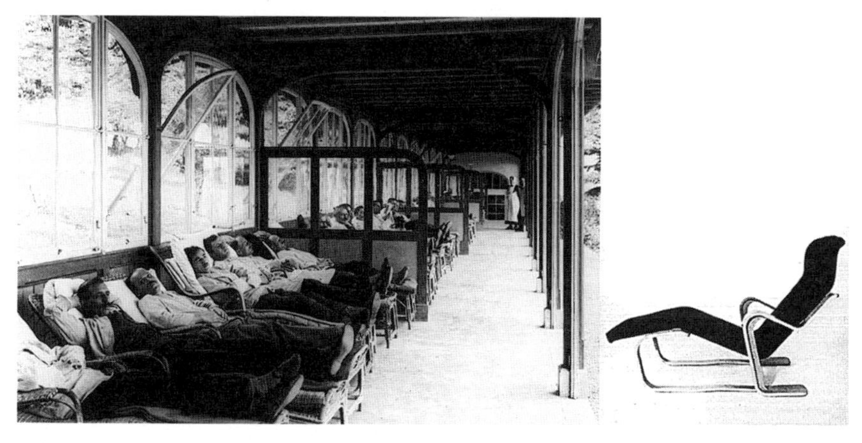

图2-5 用于治疗结核病的露台及阿尔法·阿尔托为结核病设计的躺椅
（图片来源：Campbell. M, 2005.）

二、第二次：快速“城市化”与慢性病（20世纪80年代起）

20世纪后半叶开始，人类疾病谱逐渐发生变化。虽然传染病的问题依然存在，慢性非传染性疾病（以下简称“慢性病”）代替传染病，成了全球性的公共卫生问题。居民对于健康的追求也逐渐从疾病治疗提升到了病前预防（图2-6）。

在建筑学领域，建筑史是以形式风格的演变为主线的。然而，当代建筑学对于场所的追溯、文脉的崇拜、地域的批判和转译都无法在新的“信息时代”成为像历史上的“现代主义”一般掷地有声地存在。这一思潮不仅使得建筑师更多地关注数据和循证，也推进

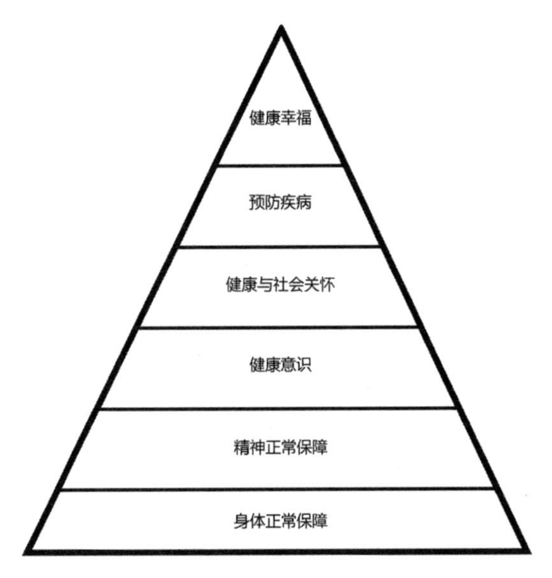

图2-6　健康金字塔

（图片来源：作者根据WHO,City Planning for Health and Sustainable Development资料翻译改绘）

① 简·雅各布斯. 美国大城市的死与生[M]. 金衡山，译. 江苏：译林出版社，2006.

了建筑学和其他学科的交叉，被动地拓宽了建筑学的关怀视野。循证设计（Evidence Based Design，以下简称EBD）是跟随医学中的循证和循证医学而产生的建筑设计研究方法。

在城市的视角下，城市无序扩张、郊区化等新的城市问题开始出现，引起了一系列经济和社会问题，这些城市问题导致的新的空间相关疾病开始显现。20世纪60年代简·雅各布斯的著作《美国大城市的死与生》批判了当时的城市和建筑发展趋势，重新挖掘了老城街区的多样性和活跃的作用①。在这样的认知背景下，出现了新城市主义。新城市主义的两个主要理论都对当代的城市规划产生了极大的影响，两个理论分别是“传统邻里社区发展理论”（Traditional Neighborhood Development 以下简称 TND），和“公共交通主导型开发理论”（Transit-oriented Development，以下简称TOD）。

在这样的背景下，公共卫生和建筑学从20世纪80年代开始了以“慢性病”与健康城市设计研究为主线的“第二次结合”。

（一）起步阶段（1980～1990年）：《科学》杂志与健康城市计划

20世纪80年代是当代健康城市设计理论研究的起步时期，在这一时期，新的城市建筑空间与健康的关系开始被发现，公共卫生领域开始关注慢性病和行为的关系，越来越多的公共卫生专家开始从事城市建筑空间相关的研究工作。在这一阶段“健康城市计划”的提出，更是从源头上将公共卫生与城市和城市空间挂钩，成为健康城市设计相关理论最重要的发端。

在公共卫生方面，针对城市建筑空间中的某些“空间因素”与使用者“行为”和“健康”的实证研究开始出现。值得一提的是一篇重要文章的发表。1984年，美国学者乌尔里希（Ulrich RS）经过十年的调查研究，在《科学》杂志上发表了著名文章《病房窗外的景色可能影响术后康复》（*View Through a Window May Infuence Recovery from Surgery*）[①]。这一研究首次用统计的方式证明了“空间景观设计”和“病人康复”之间的关系（图2-7）。这一研究的发布不仅初次证明了术后康复和病患康复环境的关系，

① ULRICH R. View through a window may influence recovery[J]. Science, 1984, 224(4647): 224-225.

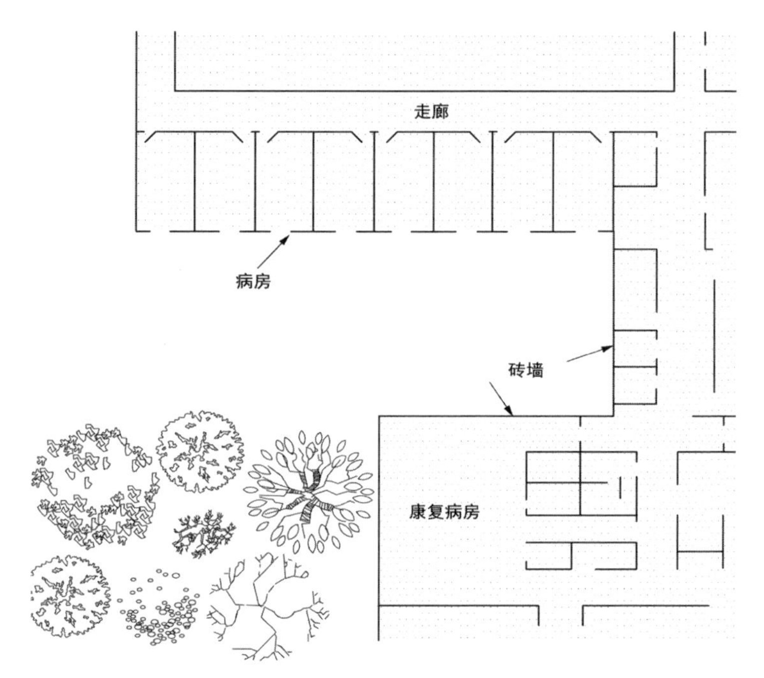

图2-7　病房外是否能看到自然景色影响术后恢复示意图
（图片来源：Ulrich R S.View through a window may influence recovery from surgery.）

也把“健康”与“空间”的关系带入公共卫生研究界的视野，对后来的相关研究具有极强的启示作用。

20世纪80年代之所以能够成为健康城市设计理论的起源，最重要的事件是“健康城市计划”（Healthy City Programme）的启动。自1977年第十三届世界卫生大会上提出了“人人健康”（Health for All）后，1986年在渥太华召开的第一届世界健康促进大会又提出了“创造支持性环境”的要求。在这样的前提下，1986年，世界卫生组织的欧洲分部首次提出了健康城市计划，当时加入这一计划的包括11个欧洲城市，现在欧洲的“健康城市网络”（Healthy City Network）成员已经超过90个，而全球已经有四千余个城市或城镇加入了“健康城市计划”，北京市的若干城区也加入了这一计划。这一计划对健康城市规划的提出和健康城市设计理论的发展产生了深远的影响。在这一上层计划推动的前提下，健康城市设计相关的理论开始起步和发展（表2-1）。

1980～1990年健康城市设计理论大事件年表　表2-1

序号	事件	年份（年）
1	SBS被世界卫生组织定名	1982
2	《窗外景观影响术后康复》发表	1984
3	《健康城市：在城市的情境下推进健康》发表	1986
4	健康城市计划启动	1988

（二）发展阶段（1990～2000年）：新城市主义与康复景观

20世纪90年代是健康城市设计理论重要的发展时期，经过20世纪80年代的研究酝酿和“健康城市计划”的上层推进，健康和空间的关系开始更多地进入公共卫生和建筑学研究的视野。在这十年中出现了许多重要的著作和实践，相关杂志的创刊也使得“健康城市设计”相关理论的学科发展有了极大的推进。

在建筑设计领域中，在循证实践思潮的影响下，美国学者黛布拉·莱文（Debra J. Levin）等一群公共卫生和医院设计方面的先锋在1993年创立了健康设计中心（The Center for Health Design，以下简称CHD）。CHD的创始人涵盖了公共卫生、建筑设计、景观设计、室内设计、政策研究等不同领域的学者，在创立之时的目标是通过多专业合作，改善医疗建筑和空间的设计，进而促进患者的康复，并改善医护人员和家属的使用体验。CHD至今已经有近30年历史，在健康城市设计理论的发展中，尤其是“空间康复”理论的发展中起到了极其重要的推动作用。

随着20世纪60年代安慰剂效应（Placebo Effect）的发现和推广[①]，建筑空间作为一种可能的安慰剂也逐渐被认识到。在北美CHD创建三年后，英国作家、景观设计师麦琪·凯瑟克·詹克斯（Maggie Keswick Jencks）夫妇创办了“麦琪之家”（Maggie's Centres）。“麦琪之家”完全不同于传统的医院甚至康复中心，而是为癌症患者、康复者甚至临终病人和家属开设的“社区般的分享场所”。1993年，第一所“麦琪之家”在英国爱丁堡开放，直到2013年全球已建和在建的麦琪之家已经达到23家。“麦琪之家”被后来的健康城市设计理论学者称之为安慰剂建筑（Placebo Architecture）[②]。

① 安慰剂效应于1955年由美国学者亨利·k·毕阙（Henry K. Beecher）博士提出。常见的方式是病人服用某种并没有治疗效用的“安慰剂”，并相信安慰剂是有疗效的药物。在安慰剂效应下病人虽然没有得到有效的治疗，却由于心理上对治疗的“预期”和“相信”而使得病痛被舒缓甚至被治愈的现象。又称为“假药效应”或者“伪药效应”等。

② 康复景观的兴起成为景观设计中健康关怀的重要理论，并迅速影响到了全球的景观设计实践。这3本著作都出版于1998~1999两年间。

在风景园林领域中，在循证设计的思潮影响下，20世纪90年代产生了非常重要的景观设计思潮："康复景观"（Healing Landsscape）。康复景观同样首先被运用在医疗相关的景观设计中，1998至1999年间，风景园林师克莱尔·库伯·马库斯（Clare Cooper Marcus）、南希·格拉赫·斯普里格斯（Nancy Gerlach Spriggs）和玛莎·M·泰森（Martha M Tyson）等分别撰写了康复景观领域中的3本重要著作①~④（表2-2）。

① MIRKO ZARDINI, GIOVANNA BORASI. Imperfect Health: The Medicalization of Architecture[M]. Montreal: Canadian Centre for Architecture. 2012.

② TYSON M M. Healing Landscape: Therapeutic Outdoor Environments[M]. UW-Madison Libraries Parallel Press, 2007.

③ GERLACH-SPRIGGS N KAUFMAN R E, Warner S B. Restorative gardens: The healing landscape[M]. Yale University Press, 1998.

④ MARCUS, CLARE COOPER, MARNI BARNES, Healing gardens: Therapeutic benefits and design recommendations[M]. John Wiley & Sons, 1999.

1990～2000年健康城市设计理论大事件年表　表2-2

序号	事件	年份
1	循证医学的提出	1992
2	健康设计中心建立	1993
3	《健康与场所》创刊	1995
4	《心理健康与城市建筑空间：不只是砖和泥浆?》出版	1995
5	《新城市主义宪章》通过	1996
6	"麦琪之家"安慰剂建筑出现	1996
7	康复景观的三大著作出版	1999

（三）繁荣阶段（2000至今）：活跃设计与健美城市

进入21世纪之后，当代健康城市设计的研究和实践进入了繁荣期。近年，城市空间与健康关系的相关理论开始更多地主动关注健康，即针对可能直接导致健康问题和通过影响行为、心理间接导致健康问题的城市建筑空间，从预防和健康促进的角度优化设计，以预防相关疾病的发生，提升居民的健康水平。

2006年，针对肥胖城市（Fat City）和肥胖建筑（Fat Building）等由城市建筑空间造成的公共卫生问题，美国建筑师协会（The American Institute of Architects，以下简称AIA）纽约分部与纽约市政府健康与心理卫生部（Department of Health and Mental Hygiene）联合组织相关专家召开了第一届“健美城市大会”。参与健美城市大会的专家来自公共卫生、城市规划设计、建筑设计、景观设计和交通规划等多个相关专业。健美城市的提出直接指向人群疾病预防和健康促进，并成为每年一次的健康城市设计理论的重要会议。在此基础上，2011年纽约率先建立了活跃设计中心（Active Design Center），综合了流行病学和建筑学的研究成果，详细提出了预防肥胖症、三高、心血管疾病等慢性流行病的城市设计和建筑设计导则[①]。活跃设计很快成为健康设计的主要研究和实践领域，美国波士顿、迈阿密和英国都相继提出了活跃设计和健美城市的导则和策略（表2-3）。

2012年加拿大建筑中心（Canadian Centre for Architecture）的两位学者乔瓦娜·博拉希（Giovanna Borasi）和米尔科·扎蒂尼（Mirko Zardini）主办了题为“有瑕疵的健康：建筑的医学化”展览（图2-8），从多个角度展示了健康城市设计理论的相关思考和实践，并于2012年出版了著作《有瑕疵的健康：建筑的医学化》[②]（*Imperect Health: The Medicalization of Architecture*）。该书从建筑设计角度探讨了城市空间影响居民健康的诸项问题，其中包括了许多建筑设计中“易致病”空间的问题，是这一领域内非常前沿的著作。

① 李煜，朱文一. 纽约城市公共健康空间设计导则及其对北京的启示[J]. 世界建筑，2013（9）：130-133.

② ZARDINI M, BORASI G. Imperfect Health: The Medicalization of Architecture[M]. Canadian Centre for Architecture. 2012.

2000～2011年健康城市设计理论大事件年表　表2-3

序号	事件	年份
1	美国精明增长联盟成立	2000
2	《健康城市规划》出版	2000
3	《脱敏景观》出版	2000
4	活跃生活研究启动	2001
5	《塑造街区：健康、可持续性和活力》出版	2003
6	康复花园设计培训班开设	2003
7	香港淘大花园SARS的天井传染研究	2004
8	《城市无序扩张与公共卫生》出版	2004
9	首届“健美城市大会”举办	2006
10	WHO《为健康服务的城市领导力》出版	2008
11	BEPHC网络课程开设	2009
12	首批EDAC建筑师资格认证通过	2009
13	有瑕疵的健康：建筑的医学化展览	2010
14	《活跃设计：纽约城市公共卫生空间设计导则》出台	2010
15	《创造健康空间》出版	2011

图2-8 “有瑕疵的健康：建筑的医学化”展览海报
（图片来源：http://millergallery.cfa.cmu.edu/exhibitions/）

三、第三次：城市“全球化”与大疫情（2020年起）

事实上，健康城市设计相关的理论还没有形成完整的学科体系和设计策略，但第二次结合以来清晰且渐进的发展使得这一领域逐渐清晰（图2-9）。

2020年，新冠肺炎（COVID-19）疫情席卷全球，其影响力与1918年造成至少2500万人死亡的西班牙大流感比肩，将对全球经济和社会发展造成难以估量的深远影响。在建筑学领域，本次传染病疫情再次将健康建筑学推到聚光灯下，健康城市、防病设计不应只停留在疫情来袭时的应急处理，更会成为建筑学的新常态。回顾19世纪卫生“脏乱差”引发传染病，20世纪快速“城市化”引发慢性病的两段历史，当下的建筑学正在产生新的思潮。

（一）健康影响评估（HIA）的普及

疫情发生后，方舱医院的改建，社区入口管理空间的改制一次次提醒我们，建筑学需要“前策划后评估”，城市设计需要“城市体检”。而健康影响评估（Health Impact Assessment，以下简称HIA），正是前策划和城市体检的重要而不可缺的一环。HIA 是指对于城市设计项目和建筑项目，在设计阶段从对居民健康影响的角度展开评估，并提出设计要求和改进建议。著名的 HIA 项目包括“亚特兰大公园链”等[①]。事实上，HIA 已经存在了20年，但并未纳入建筑规划要求中，尚处在探索阶段。后疫情时代，HIA

① 李煜，王岳颐. 城市设计中健康影响评估（HIA）方法的应用——以亚特兰大公园链为例[J]. 城市设计，2016（6）：80-87.

将与环境评估、安全评估一起得到普及，成为“前策划后评估”的重要一环。

（二）数字化健康城市设计的发展

大数据和数字化已经成为当代科技和社会的底层架构。在健康建筑学，尤其是应对流行病的健康城市设计中，数字化将成为重要支撑。数字化健康城市设计，包含了3个层次。一是居民健康数据的收集，包括居民的流行病学数据和日常健康数据，例如 BMI、心理健康量表数据等。二是空间设计数据的覆盖，包括上述居民健康情况与城市空间数据的对应，例如疫情地图、易致病空间地图等，可以将居民健康和其他居住生活的城市建筑空间建立联系，并为进一步的研究提供基础。三是“空间–健康”影响数据的研究和健康城市设计应用，通过前两个数据的对比，可以发现更多城市与建筑空间设计中易致病的问题，并通过实证研究推动相应的设计和治理。

（三）人工智能与健康社区的设计

在 HIA 和数字化城市设计的基础上，更多的“空间–健康”影响机制将会被发现，更多健康设计策略将会得到验证。在同一个社区空间中，不同的空间元素可能导致不同的流行病，这些易致病空间因素在社区空间中相互博弈，需要人工智能和机器学习的辅助，得到对居民健康最为有利的最优解。“空间–健康”评价全量化模型和生成式健康社区设计将成为一个有趣的领域。

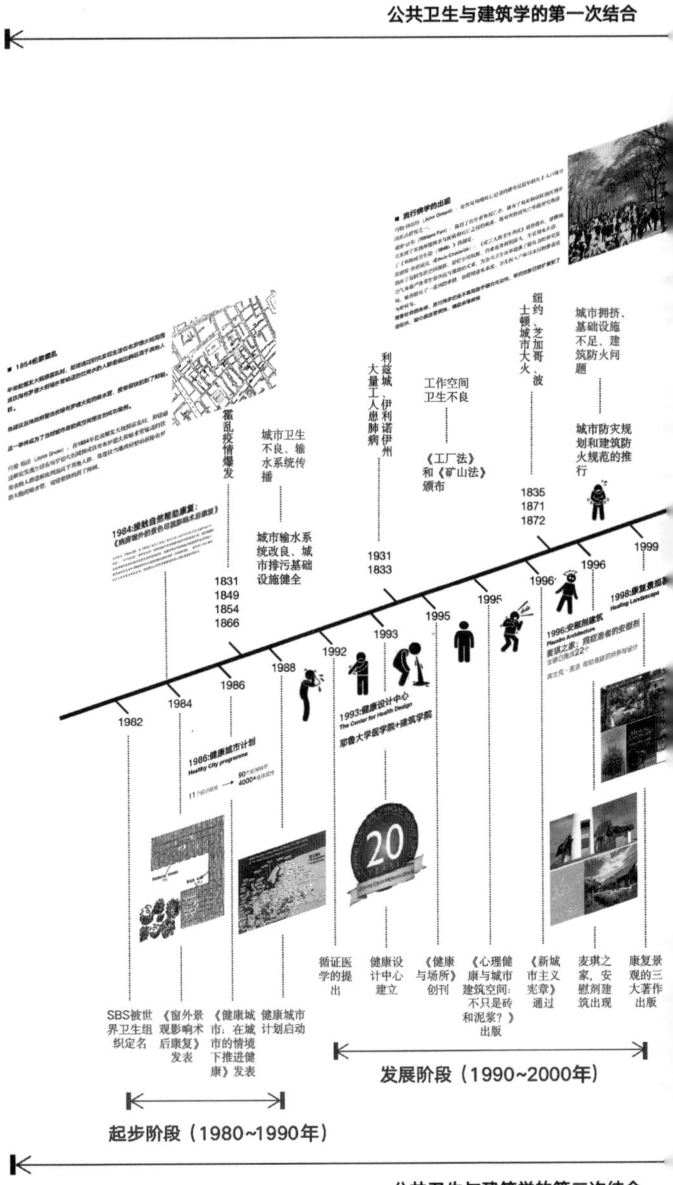

公共卫生与建筑学的第一次结合

霍乱疫情爆发 1831 1849 1854 1866

城市卫生不良、输水系统传播

城市输水系统改良、城市排污基础设施健全

利兹城、伊利诺伊州大量工人患肺病 1931 1833

工作空间卫生不良

《工厂法》和《矿山法》颁布

纽约、芝加哥、波士顿城市大火 1835 1871 1872

城市拥挤、基础设施不足、建筑防火问题

城市防灾规划和建筑防火规范的推行

1982 1984 1986 1988 1992 1993 1995 1995 1996 1996 1999

1984:接触自然帮助康复:《病房窗外的景色可能影响术后康复》

1986:健康城市计划 Healthy City programme

1993:健康设计中心 The Center for Health Design 耶鲁大学医学院+建筑学院

1996:安慰剂建筑 Placebo Architecture 麦琪之家：癌症患者的安慰剂 全球已落成22个

1998:康复景观 Healing Landscape

SBS被世界卫生组织定名

《窗外景观影响术后康复》发表

《健康城市：在城市的情境下推进健康》发表

健康城市计划启动

循证医学的提出

健康设计中心建立

《健康与场所》创刊

《心理健康与城市建筑空间：不只是砖和泥浆？》出版

《新城市主义宪章》通过

麦琪之家，安慰剂建筑出现

康复景观的三大著作出版

发展阶段（1990~2000年）

起步阶段（1980~1990年）

公共卫生与建筑学的第二次结合

图2-9　公共卫生与建筑学的前两次结合时间线总结示意图

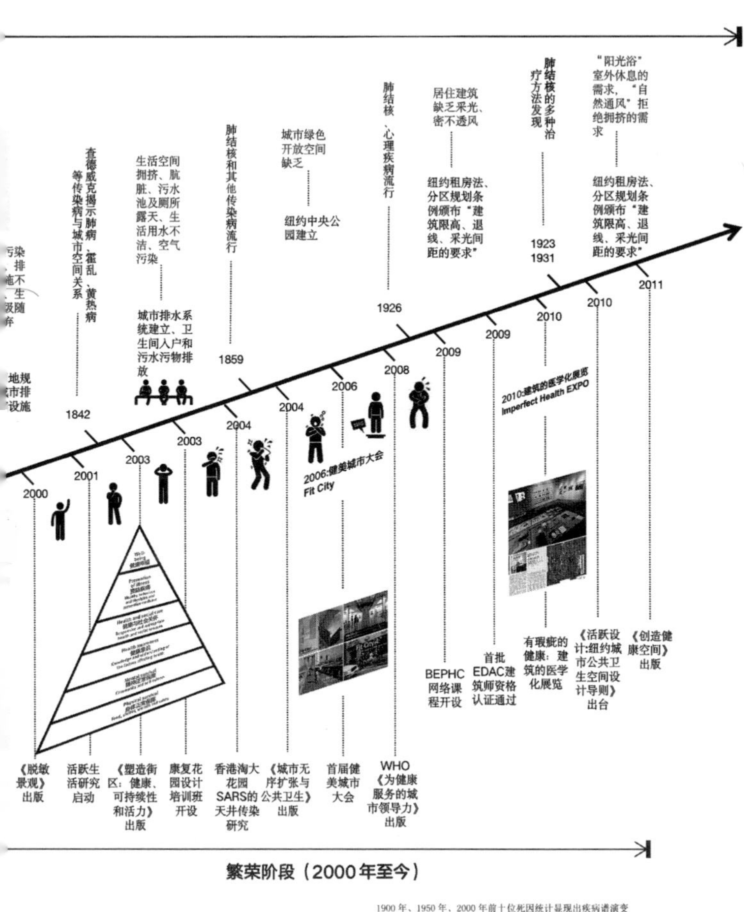

传染病
慢性病

	1880	1940	2005
传染病	57%	11%	9%
慢性病	13%	64%	75%

1900年、1950年、2000年前十位死因统计显现出疾病谱演变
（下划线标注可能由城市建筑空间导致的病症）

排序	1900	1950	2000
1	肺炎、感冒	心脏病	心脏病
2	肺结核	恶性肿瘤	恶性肿瘤
3	腹泻、小肠炎、肠溃疡	血管病变影响中枢神经	脑血管病
4	心脏病	意外伤害	慢性呼吸疾病
5	脑血管病	某些早期婴儿疾病	意外伤害
6	各类肾炎	流感、肺炎（除新生儿外）	糖尿病
7	意外伤害	肺结核	流感与肺炎
8	癌症及恶性肿瘤	动脉硬化	老年痴呆症
9	衰老	肾炎和肾硬化	肾炎和肾病综合症
10	白喉	糖尿病	败血病

四、结语

人类健康和幸福是建筑学永恒的初心，每一次城市和建筑的阶跃发展，都与居民的身体、心理和社会健康息息相关。19世纪城市的“脏乱差”和传染病推动了公共卫生与建筑学的第一次结合，带来了城市规划学科和现代主义建筑的发展。20世纪末城市无序扩张的种种弊端，又一次引发了大规模的慢性病和心理疾病流行，带来了一系列对现代主义的反思和改变，促成了公共卫生与建筑学的第二次结合。2020新冠肺炎病毒疫情的暴发，引发了对活跃与封闭、预防与管控的一系列思考，第三次结合正在发生。美国学者霍华德·弗鲁姆金（Howard Frumkin）曾总结过健康城市设计理论领域中尚需填补的空白方向，相信这一健康建筑学将给建筑学本身和人类社会发展带来更多的惊喜。

平非结合：防疫社区规划的五个维度[①]

2020年春，新冠肺炎病毒在世界范围内蔓延，给全人类带来无以计量的损失，也给不计其数的家庭带来了悲剧。城市作为当代人类聚居的主要形式，再一次经受着考验。居民日常居住和工作的社区，可以被认为是城市中的基本细胞。事实上，健康社区、健康建筑在当代建筑学理论和实践中一直是一个值得关注的领域。在疫情的特殊背景下，社区规划中的效率与安全、封闭与开放、流通和管控的博弈问题受到了广泛的关注。事实上，本书所探讨的“防疫社区规划”并不是一个崭新的议题，甚至可以说流行病塑造着整个规划史和建筑史。

防疫社区规划的核心问题是如何通过社区规划和建筑设计的改良，预防流行病的大面积流行，实现“平非结合”。本书试图提供一条思路来回答这个问题（图3-1）—把问题分解为5个环节：从历史的角度，流行病如何影响城市和建筑形态；在当代，除了引起广泛关注的重大传染病，还有哪些疾病与社区和建筑空间相关，空间引发或者助推居民患病的机制是什么；面对这些疾病，我们如何通过调研和数据研查社区空间，发现其中的问题和隐患；在规划阶段，如何通过前置的健康影响评估规避可能的防疫漏洞；在设计和改造的过程中有哪些已有的防疫策略可以采用。

① 原载于《建筑技艺》2020年第5期25-29页《防疫社区规划——平非结合的健康社区设计初探》. 作者：李煜，梁莹.

图3-1　防疫社区规划的5个步骤

一、流行病如何影响城市发展

健康是宜居的基础，流行病作为人类社会最严峻的生存问题之一，早于城市规划甚至早于医学就存在。城市从诞生开始就与居民的健康息息相关，这种关系既可以是正面的健康促进，也可以是负面的导致和传播疾病。历史上每一次重大的流行病疫情，都带来了建筑学的反思和发展，城市规划更是流行病肆虐后催生的学科。可以说，包含了传染病和慢性病在内的各种流行病，构成了一部社区规划的反思发展史。

居住建筑和社区环境中的防疫策略可以追溯到建筑出现的初期。《利未记》中记载了一段住宅防疫措施。以色列人如果家中有麻风病患，牧师会带人来检查，一旦发现墙壁上有绿色或红色的痕迹就封锁这间房子，7日不得进入。如果红绿色区域扩大蔓延，就需要及时将房屋拆毁。同时，拆毁房屋的石料不得被用于建造新的房屋。墙上这些红绿色斑点被认为是引起麻风和其他疾病的不洁物，现代医学中推测是霉菌等致病病原。这些有着霉菌斑点的房屋也许可以被认为是最早的"致病住宅"（Sick House）[1]。在我国，传统的房屋"风水"理论虽然并不受到现代建筑学的推崇，却也表达了古代建筑选址和设计中对健康的追求和疾病的防治。用防病的视角审视合院建筑，可以发现内院和天井的设计具有"空气质量优良、温度湿度适宜、自然采光良好、噪声控制有效"[2]等空间品质方面的特色。

19世纪末20世纪初，工业革命后的大城市中，由于拥挤和城市基础设施的缺乏，曾经出现了传染病肆虐（如霍乱、肺结核）和城市灾害（如火灾）频发的情况。当时的公共卫生专家和建筑师通力合作，出台了一系列影响深远的防疫空间整治手段。许多我们今天熟知的措施和策略，包括基础设施规划、城市分区规划、城市公共空间和绿地的设置、住宅采光间距、通风设计、消防规范、城市卫生法等，都开始于对当年传染病疫情的应对。这些政策和措施的出台改善了当时的城市空间状况，一定程度上抑制了疫情的传播。同时值得注意的是，建筑学历史上重要的"现代主义建筑"思潮与疾病防疫也密不可分。勒·柯布西耶在他的名著《明日之城》中写道："卫生（Hygiene）和道德健康（Moral Health）决定于城市的规划排布。缺乏卫生和道德健康，社会细胞将走向萎缩。"[3]现代主义建筑的发展与"结核病"的治疗有着千丝万

① JANSZ J. SickBuilding Syndrome[M]. Berlin: Springer, 2011: 1-24.

② 陈启高，唐鸣放，王公禄. 详论中国传统健康建筑[J]. 重庆建筑大学学报，1996（4）：3-13，32.

③ LE C. The City of tomorrow and its planning[M]. NewYork: Dover, 1987.

缕的联系。在链霉素等药物被发现后，一系列研究证明，预防和治疗早期结核病的最简单方式是“新鲜空气”“安静休息”和“充足阳光”。这些诉求被转化为建筑语言，最早应用在疗养院设计中，并逐步发展成了一种全民生活方式和时尚。在现代主义建筑的元素中，平屋顶、阳台/露台、躺椅这三要素都起源于肺结核的防治[①]。截至19世纪40年代，霍乱、肺结核等曾经严重威胁城市居民健康的传染病通过针对社区空间“脏乱差”的整治得到了遏制。这些防疫举措成就了公共卫生与建筑学的第一次结合，更成了现代意义上城市规划学科和现代建筑的起源之一（图3-2）。

① CAMPBELL M. What tuberculosis did for Modernism: theinfluence of a curative environment on modernist design and architecture[J]. Medical history, 2005, 49(4): 463-488.

19世纪40年代开始，人类疾病谱开始逆转，虽然传染病的问题依然存在，但“慢性病非传染性疾病”开始成为威胁人类健康的主要疾病。同时，城市无序扩张、郊区化等新议题开始出现，引起了一系列经济和社会问题。20世纪80年代开始，公共卫生和建筑学的

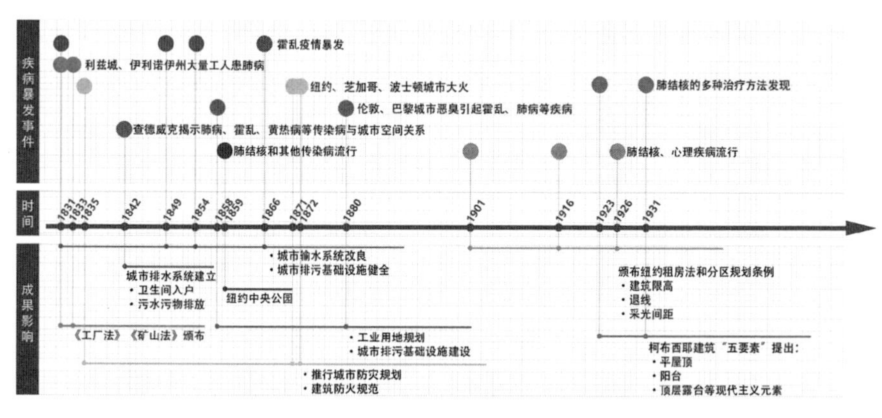

图3-2 流行病推动社区规划与建筑设计示意图

① BARTON H, GRANT M, GUISE R. Shaping neighbourhoods for health, sustainability and vitality[M]. London: Routledge, 2003.

第二次结合到来了。慢性病的病因除基因外，还与“行为”和“环境”有着密切联系。近40年来，城市生活的变化产生了新的日常行为模式，居民的不良生活习惯是慢性病形成的主因。城市空间作为“病因”的一种，直接或者间接导致了某些慢性疾病的流行。2000年之后，公共卫生学科中关于肥胖症的病因研究纷纷指向社区空间。应对肥胖症的环境行为研究日益增加，而专门针对这一问题的“活跃设计”开始成为健康建筑的主攻方向。社区被认为是影响居民健康环境和行为的重要空间单元，“健康社区”的相关设计理论和实践不断更新①。近20年，健康社区的理念开始从“空间康复”转变为“空间预防”和“健康促进”，从预防和健康促进的角度优化设计或改良社区空间，以预防相关疾病的发生，提升居民的健康水平。

可以说，19世纪传染病的肆虐带来了针对居住空间“脏乱差”的整治，让人们开始关注基础设施，为社区规划划定了基线。近40年慢性病的流行引发了对社区空间的再反思，让人们开始关注日常行为，使社区从防疫设计迈向健康促进。而2003年的SARS疫情和2020年的新冠肺炎疫情，又一次敲响了警钟，提示我们严重传染病的暴发依然是不可忽视的问题。那么，从社区规划设计的角度做到平时的慢性病预防和突发情况下传染病的防治，即“平非结合”的健康社区规划，应当是健康社区研究和实践的重点。

二、理论推进：相关疾病与致病机制

正如前文所述，某些城市和建筑空间对于人群健康可能存在着负面作用，甚至会导致某些疾病。

2007年，英国学者马拉（Mala Rao）等从生理、心理和社会健康三个方向总结了与城市建筑空间相关的若干疾病、不适和健康威胁因素，较为系统地归纳了当前公共卫生研究中发现的“城市建筑空间相关病症”[①]。在此基础上，笔者荟萃分析了近20年的相关研究成果，对照国际疾病伤害及死因分类标准ICD-10列出了与社区空间相关的疾病，可以分为三个主要的类型[②]（图3-3）。

① RAO M, PRASAD S, ADSHEAD F. The built environmentand health[J]. The Lancet, 2007, 370（9593）: 1111-1113.

② 李煜. 城市易致病空间理论[M]. 北京：中国建筑工业出版社，2016.

1. 肥胖症及其引发的相关慢性非传染性疾病

肥胖症的大量流行不仅导致了患者的行动生活不便，还会引发

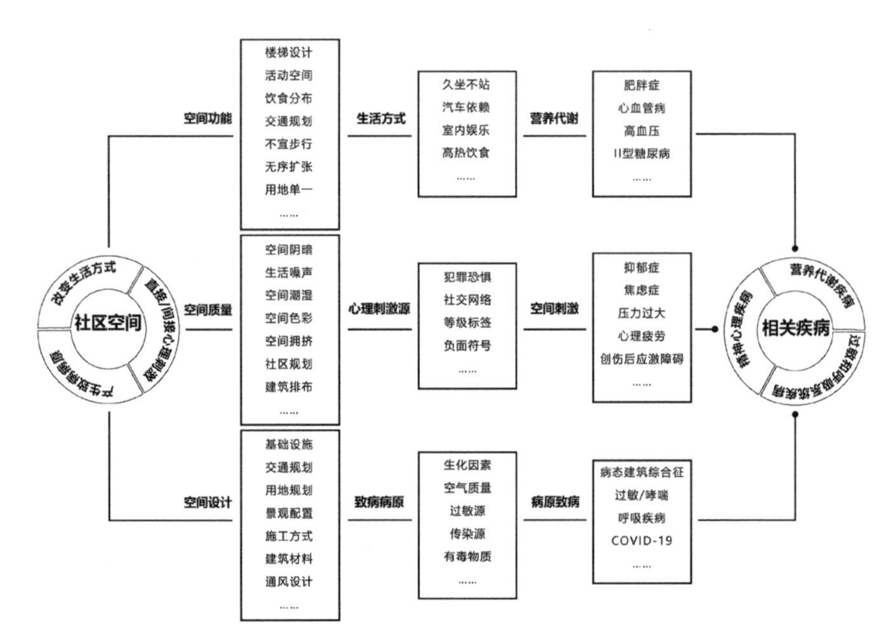

图3-3 社区规划中的3种相关疾病及致病机制

心血管病、高血压、糖尿病、结肠癌、中风等严重的慢性病。这一类疾病往往与缺乏体育锻炼和营养代谢问题相关，多由社区规划引发的久坐不站、饮食高热、机动车出行以及室内娱乐的“不良生活方式”导致。

2．心理疾病

包括抑郁、焦虑、压力过大、自我否定、缺乏动力、心理疲劳以及在大型疫情后的创伤后应激障碍（PTSD）等。心理疾病除个人生理和遗传因素外，往往与某些刺激源有关。而城市建筑空间设计中的某些不良因素既可以是直接心理刺激源如噪声、拥挤等，也可以间接影响心理健康，如符号暗示、社交影响等。

3．呼吸和过敏疾病

包括新冠肺炎病毒引起的传染病，也包括哮喘、失眠迟滞症、眼鼻喉刺激、病态建筑综合症（SBS）等。这一类疾病往往由社区和建筑中的某些不良因素直接导致，例如不良建材、通风传染、景观过敏源等。

三、数据评估：建立空间—健康数据库

在摸清致病机制的基础上，防疫设计的首要步骤是“研查和发现”社区中容易导致疾病的空间位置、分布和致病因素。相关数据的收集、监控和分析是完成这一工作的基础。“空间–健康”数据库的丰富和重建需要多学科和多部门联动，主要思路包括以下几点。

1．“空间–健康”数据库概念重建

“空间–健康”数据库这一概念其实并不陌生。19世纪针对传染病的数据研究对于现代的城市面貌和建筑空间有着深远的影响，在第一次合作之后，大部分传染病的数据收集已经成为常态，官方建立了健全的数据统计和监察机制。然而，在呼吸系统传染病继续影响着居民健康的同时，更多的营养代谢、精神心理和中毒过敏等慢性病成了与社区居住空间相关的新的疾病类型，“空间–健康”数据库急需丰富和重建。

2．已有“空间–健康”数据的丰富

从全球来看，针对传染病防控的数据相对完善和成熟，针对肥胖症和心理疾病等空间相关的慢性病数据在北美、欧洲等地的某些大城市已经覆盖，但仍急需补充和完善。在我国，宏观尺度上的数据可用于粗略评估城市级别的居民健康影响，但社区级别的数据统计尚未完成。在研究社区甚至建筑尺度的防疫设计问题时，则需要专门机构更加精细和片段化的调查和研究。城市规划建设部门已经掌握了用地功能、权属边界、人口分布、建筑位置、使用功能、高度与层数、容积率等大量空间和地理信息。随着地理信息系统（GIS）的普及和医学地理学的崛起，更多的“空间–健康”数据被发现和收集，成为研究社区空间防疫的基础。

3．新“空间–健康”数据的创设

新的“空间–健康”综合评价数据模型的创设，有助于有针对

性的社区防疫。对社区甚至住宅级别统计数据的细化，公共卫生数据和规划建设资料的结合是从规划层面研究社区防疫的重要基础。例如，朱莉安（Julian D. Marshall）等在温哥华进行了针对社区交通、空气污染和城市步行指数的综合研究。对不同社区NO和O_3浓度进行测算，并计算出各社区的步行指数WI，通过对NO、O_3浓度分布图和步行指数分布图的叠加，发现城市中心区域普通社区的步行指数高，空气污染程度相对严重；城郊区域步行指数低，但空气污染程度也较低；步行指数高、空气质量好的社区集中在市中心的高收入住宅区，在地图上呈现绿色的“美好区域”（Sweet-Pot）；而城市近郊的贫民区步行指数低，空气污染程度也很严重[①]。这一研究将“空间-健康”数据细化到社区层级，形成了步行指数WI和个人空气污染暴露程度PE的综合评价模型，反映了城市设计和社区设计对居民产生的健康影响，提出了环境“不公平”的问题，对防疫社区的设计具有指导意义（图3-4）。

① MARSHALL J D, BRAUER M, FRANK L D. Healthy neighborhoods: walkability and air pollution[J]. North Carolina: Environmental health perspectives, 2009, 117(11): 1752-1759.

4. 灵活运用有限“空间-健康”数据

学科交叉平台的不健全和某些数据的缺乏可能对防疫社区设计研究有不利影响，可以通过对有限数据的灵活运用来解决。城市空间、社区空间、建筑空间和疾病防疫的关系研究学科跨越程度较大，相关数据难以获得，这时可灵活运用为其他目的而收集的数据。例如，原本用于交通规划的出行调查数据也可以用来研究步行与公共交通出行的关系，这为研究空间所致疾病，如缺乏运动所致的肥胖症等提供了基础。

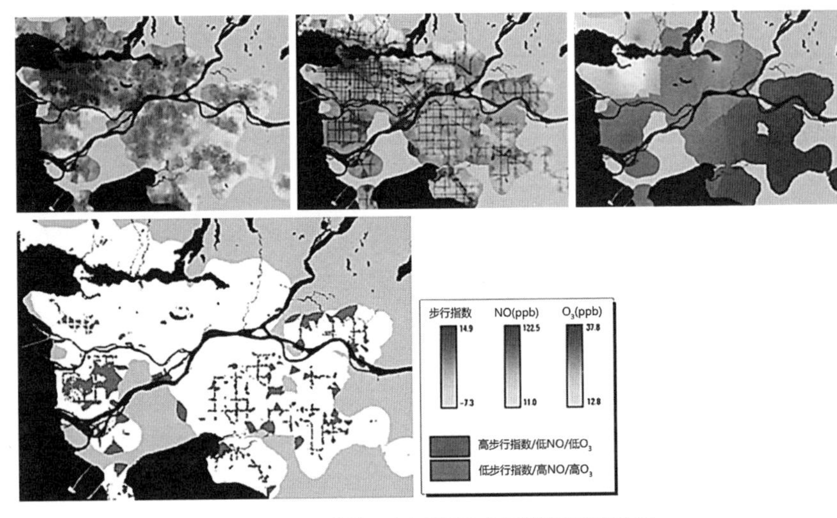

图3-4 温哥华社区步行指数和空气污染程度分布图
（图片来源：作者改绘）

5."空间-健康"数据的开放和呈现

疾控部门和规划建设部门分别掌握了公共卫生和城市规划方面的大量数据，这些数据的开放和有效利用是城市、社区防疫设计研究的基础，有利于研究人员开展多层面的研究。同时，数据对大众的呈现应当是开放、准确和可读性强的。如Walk Score公司建立的步行评分网站，通过多种途径分析街区的步行友好情况，较好地反映某一地区的步行指数和市民的日常锻炼情况[①]；又如通过图像方式呈现实时空气污染物地图、疫情地图等。随着居民对"空间相关疾病"预防意识的增强，呈现有帮助和指导性的数据是非常必要的，是预防和控制疾病的重要举措。

① DUNCAN D T, ALDSTADT J, WHALEN J. Validation of Walk Score for estimating neighborhood walkability: an analysis of four US metropolitan areas[J]. International journal of environmental research and public health, 2011, 8(11): 4160-4179.

四、规划预防：添加健康影响评估HIA

疫情的暴发再次提示我们，在社区规划的过程中，除安评和环评外，应当添加健康影响评估。健康影响评估（Health Impact Assessment，简称“HIA”）是指从居民健康影响的角度，系统地评估某个政策或者规划项目的可行性[①]。美国疾病控制中心CDC将HIA分为6个步骤：筛选项目—确定范围—评估—建议—报告—监测和评价[②]。在社区设计中，健康影响评估可作为前策划后评估中的一个环节，以预测和评估设计项目可能对居民健康产生的影响，HIA在欧美已经得到普遍应用[③]。旧金山市东部邻里社区健康影响评估、费城下南区复兴项目健康影响评估、亚特兰大公园链规划项目的健康影响评估是几个典型的案例。

旧金山市东部邻里社区（Eastern Neighborhoods Community）健康影响评估完成于2007年，历时18个月，其目标是分析和评估该地的规划方案对社区人群的健康影响，并提出建议。评估遵循了HIA的基本步骤，通过对目标的量化，创建了六大部分的“健康发展测度工具”，并形成了公众参与的、较为完善的评估机制。通过数据收集、分析和可视化处理，形成了针对原有规划方案的调整和社区发展策略[④⑤]。

① QUIGLEY R, DEN BROEDER L, FURU P. Health Impact Assessment: International. International Association [EB/OL] [2006]. http://www.iaia.org/publicdocuments/.

② CDC. Health Impact Assessment [EB/OL] [2009]. http://www.cdc.gov/healthyplaces/.

③ DANNENBERG A L, BHATIA R, COLE B L. Use of health impact assessment in the US: 27 case studies, 1999-2007[J]. American journal of preventive medicine, 2008, 34(3): 241-256.

④ FARHANG L, BHATIA R, SCULLY C C. Creating tools for healthy development: case study of San Francisco's eastern neighborhoods community health impact assessment[J]. Journal of Public Health Management and Practice, 2008, 14(3): 255-265.

⑤ 丁国胜，黄叶琨，曾可晶. 健康影响评估及其在城市规划中的应用探讨——以旧金山市东部邻里社区为例[J]. 国际城市规划，2019，34（3）：109-117.

费城下南区（Lower South District）健康影响评估完成于2012年。这一评估分析了规划中的3个主要项目对居民健康产生的影响。通过对地区主要问题——公共交通可达性和空气质量的分析，确定了以交通要素为主的包括通勤模式、就业可达性、空气质量等的评估指标并进行量化。通过数据分析得出地铁、慢行步道和用地性质转变可能带来的健康影响，并提出了更进一步的改善建议（图3-5）[①②③]。

① BABIARZ G, et al. Lower south district health impact assessment: summary report[R]. Philadelphia City Planning Commission, Philadelphia Department of Public Health, 2012.

② 王兰，蔡纯婷，曹康. 美国费城城市复兴项目中的健康影响评估[J]. 国际城市规划，2017，32（5）：33-38.

③ ROSS C L, WEST H. Atlanta BeltLine health impact assessment[R]. Georgia Institute of Technology, 2007.

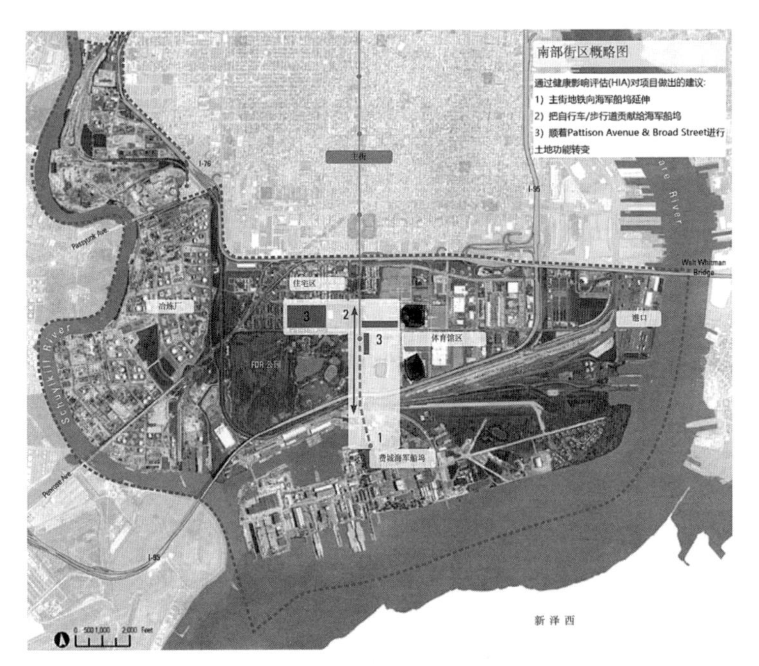

图3-5 亚特兰大公园链健康影响评估研究成果图
（图片来源：作者改绘）

① ROSS C L, WEST H. Atlanta BeltLine health impact assessment[R]. Georgia Institute of Technology, 2007.

② 李煜，王岳颐．城市设计中健康影响评估（HIA）方法的应用——以亚特兰大公园链为例[J]. 城市设计，2016（6）：80-87.

亚特兰大公园链（Atlanta BeltLine）项目启动于2007年，是围绕22英里（约合35公里）长的旧工业铁路，建设公园、轨道交通、慢行步道、住宅区和商业区等的城市更新和设计项目。在人口构成、某些疾病的患病率等公共卫生数据、规划范围内包括用地面积和公园数量等规划数据、空气质量指数以及水与噪声污染等环境信息数据，该研究从空间、社会、经济等维度，针对肥胖症、心理疾病、致病病原等问题，评测了亚特兰大公园链及其周边区域的步行指数、绿地、用地混合度等空间要素，在此基础上提出了“综合评估和治理模型”，细分为可达性、体育运动、社会资本、安全和环境影响5个方面。针对这5个方面，该项研究对场地空间现状进行了分析，评估了项目潜在的健康影响因素，并提出了针对性的建议。报告绘制了包括公园链的服务范围、健康食品、步道可达性、交通容量等的地图，得出了有效结论并提出了公园位置、设计、设施、用地等方面的健康影响改善建议，如增加用地功能混合度、加强公共交通系统建设等[①②]。

可以看到，健康影响评估最初由公共卫生部门主导，偏向宏观政策制定，而在近15年，有越来越多规划和建筑领域的专家参与，其评估的内容和策略逐渐落实到空间层面。可喜的是，健康影响评估在我国的学术和政策制定中，也引起了重视和思考。

五、设计改良：提出专项健康设计导则

以已建立的“空间–健康”数据库为基础，利用健康影响评估等手段，可以确定城市防疫设计的重点区域，筛选防疫相关的影响

因素，从而得出有效结论。在此基础上，进行有针对性的防疫社区规划、设计或更新，提出针对防疫的社区规划导则、建筑设计导则，是目前亟待解决的问题。

应对慢性病，很多国家、地区和城市都认可了“活跃设计”的理念。活跃设计主要面向肥胖症、高血压、心理疾病等空间相关疾病。2010年，纽约市出版了《纽约健康导则》，并成立了活跃设计中心（CFAD）。作为推进健康设计研究的平台，提出了包含城市设计和建筑设计两个领域、23个方面的设计导则[①]。受到纽约影响，迈阿密建筑与设计中心（ADM）于2016年推出了《活跃设计迈阿密》，提出公园和公共空间、发展模式、交通和移动性、建筑4个重点领域的69条导则[②]。英格兰体育局于2015年推出了修订版《活跃设计》，2007版在可达（Accessibility）、便利（Amenity）、了解（Awareness）“3A”原则的基础上，提出了活跃设计的10个原则[③]。与之相关的，芝加哥、波士顿等城市也提出了有关社区健康的“街景和可持续设计计划”“步行波士顿”等计划。这些导则主要针对空间的活跃性，通过设置慢行步道、增加用地混合度、鼓励骑车和步行等方式，促进居民日常的交往和运动。

为应对心理疾病，大批环境心理学和建筑学的专家给出了社区空间防疫的思路。心理疾病源于种种“心理刺激源”（Stressor），这种刺激源包括疫情等突发事件和日常生活空间长久的刺激。社区和住宅所涉及的直接心理刺激源包括声、光、热等物理条件，社区环境缺乏与自然的接触，居住空间造成的拥挤感受等。间接的

① 李煜，朱文一．纽约城市公共健康空间设计导则及其对北京的启示[J]. 世界建筑，2013（9）：130-133.

② Active Design Miami. Active Design Miami: Design & Policy Strategies For Healthier Communities[R]. AIA Miami, 2016.

③ England S. Active design. Planning for health and wellbeing through sport and physical activity[R]. Public Health England, 2015.

刺激源则可以延伸到住区楼栋分布、住宅公共空间对社会交往可能造成的影响等[①]。值得注意的是，社区的不良符号暗示也会对居民造成严重的心理刺激。例如在SARS疫情中，像淘大花园这样被划分为“疫区”的居住区，对于社区的声誉有着毁灭性的打击。同时，对于居住其中的幸存者，与疫情有关的空间和情境也容易引起创伤后应激障碍（PTSD）。

① 李煜. 疾病预防视角下的当代健康社区设计理论初探[J]. 住区，2016（6）：28-33.

六、结语

这场突如其来的新型冠状病毒肺炎疫情给全世界敲响警钟。长久以来被忽略的重大传染病，依然是影响人类健康的可怕对手。在当代健康社区和健康建筑关注慢性病，提倡交流、活跃、便利可达的背景下，需要重新反思传染病等重大疫情战时状态的特殊要求。在建筑层面，深槽通风天井的拔风作用、一梯多户共用电梯的设计问题、卫生间马桶地漏的水封问题都是值得改进的；在社区层面，开放街区、增加功能混合度等措施对应着更好的便利度，有助于提升活跃程度，预防慢性病。同时，考虑传染病疫情等重大事件的隔离需求，需要有更细致的类似于防火分区或者公共安全分区的设计思考（图3-6）。

随着社会的发展，越来越多的流行病被发现与人类生活的空间紧密相关。“空间相关疾病”将长期存在，其范畴也将不断变化。从19世纪的传染病到20世纪的慢性病和心理疾病，再到新型冠状病毒肺炎这样的突发重大传染疾病，平非结合的思路将长期伴随着健康社区和住宅的设计，防疫设计的导则也需要不断完善。

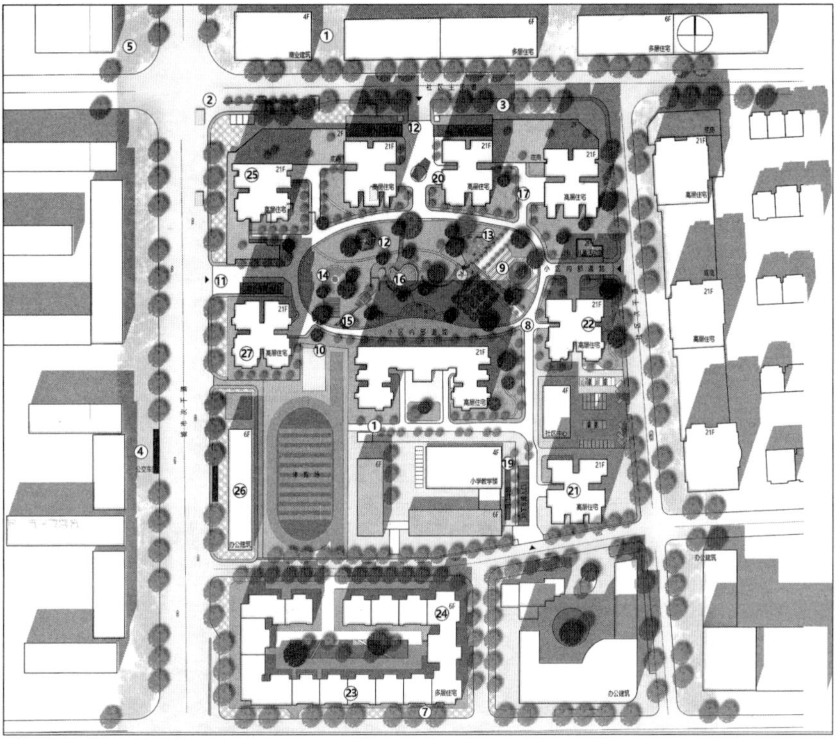

防疫城市设计

1. 用地功能混合度高

研究表明用地功能混合度影响居民的肥胖症患病率。社区所在区域用地功能混合度高对居民健康有积极影响。

2. 设置自行车/步行专用道

完善的自行车专用道和步行道系统有利居民选择更健康的方式出行。

3. 健康食杂店可达性好

社区内或社区周边健康食品和杂货店的可达性好，有利于居民步行并选择健康食品。

4. 公交站点可达性好

社区距离公交、地铁站点较近，有利于居民采取步行或骑行+公共交通的方式出行，从而有利于居民健康。

5. 周边设有公园、广场等

社区靠近公园和广场有利于居民短距离外出活动，有利于居民健康。

6. 良好的空气质量

良好的空气质量是社区居民保持健康的必要条件，有利于避免各种呼吸系统疾病，也有利居民选择室外活动。

防疫社区设计

7. 消除噪声污染

规划中住宅过于靠近公路易受到噪声影响，宜采取措施避免。

8. 设置多样低致敏的绿化

多样化的绿化形式和多种类的植物可提高空间景观质量，低致敏性的绿化规避过敏风险。

9. 设置健身器材和运动场地

社区内设置健身器材和运动场地，鼓励居民运动健身，有利身体健康。

10. 良好的通风

社区规划通风较好有利住宅自然通风，也可为居民提供良好的室外公共空间。

11. 社区封闭式管理

封闭式管理社区对减少犯罪有利，提高居民的安全感有利居民心理健康。

12. 人车分行

行人、自行车、汽车各行其道，有利安全。

13. 社区内设置开放场地

开敞的场地有利居民进行不同形式的室外活动。

14. 设置儿童游戏场地

设置专门的儿童游戏场地有利社区活跃和儿童健康。

15. 设置遮阳设施

场地遮阳设施可促进炎热天气时的户外活动。

16. 设置丰富的景观

多样化的景观有助居民心理健康。

17. 控制容积率

控制小区的容积率有利于避免空间拥挤。

18. 设置慢行步道/自行车道

专用慢行步道和自行车道有助于居民体育锻炼和自行车出行。

19. 设置自行车停车处

专用自行车停车设施,鼓励居民骑行。

20. 使用适宜的色彩

良好的色彩设计使居民心情愉悦，有助心理健康。

防疫建筑设计

21. 良好的电梯环境

减少同部电梯使用人数，可减少疾病传播。

22. 建筑凹槽、天井设计

避免建筑凹槽处和天井处形成气流，造成病菌传播。

23. 住宅的良好朝向

住宅应朝向采光良好，避免滋生病菌，也对居民身心健康有利。

24. 管井设计得当

良好的下水道和通风管道的设计有助居民身心健康，也可避免部分传染病通过管井的传播。

25. 使用无害建筑材料

使用对人体无害的建筑和装修材料可避免劣质材料给居民健康带来的伤害。

26. 鼓励楼梯间的使用

设计得当、采光通风良好的楼梯间有利使用，鼓励走楼梯替代电梯，有助降低肥胖症、高血压等的发病率。

27. 住宅内部分区

洁污、干湿分区，不同家庭成员分区有助防疫。

图3-6 防疫社区规划与住宅设计的可能要素示意图

从“大城市病”到“大城市流行病”：三类疾病与城市设计[①]

一、疾病预防：健康社区设计的新视角

“城市空间”与“人类健康”的关系，是城市发展进程中受到持续关注的传统问题。在《圣经》的《利未记》中就有关于什么样的住宅建筑容易导致疾病的相关记载[②]。当代城市居民每天有90%的时间在室内度过，居住和工作的社区空间直接影响着居民的健康。这种影响既可以是正面的促进健康，也可以是负面的导致疾病。事实上，社区空间的不良和不当设计，是导致多种大城市流行病的元凶。

从疾病预防的角度筛查现有的流行病与城市社区的关系可以发现，并不是所有疾病都与居民生活的城市空间相关。本章将由城市空间直接或者间接导致的疾病统称为“空间相关疾病”。对照“国际疾病伤害及死因分类标准（ICD-10）”，可将当代的空间相关疾病分为三类。一是肥胖症、高血压、心血管病等代谢相关慢性疾病；二是抑郁、焦躁等精神心理疾病；三是过敏、哮喘、中毒等呼吸系统疾病。

导致这些疾病的城市社区空间，可以按其致病机制分为三类。一是日常行为致病机制，主要指社区空间影响和改变居民

① 原载于《住区》2016年第06期28-33页《疾病预防视角下的当代健康社区设计理论初探》. 作者：李煜.

② JANIS JANSZ. Sick Building Syndrome [M]. Berlin: Springer, 2011.

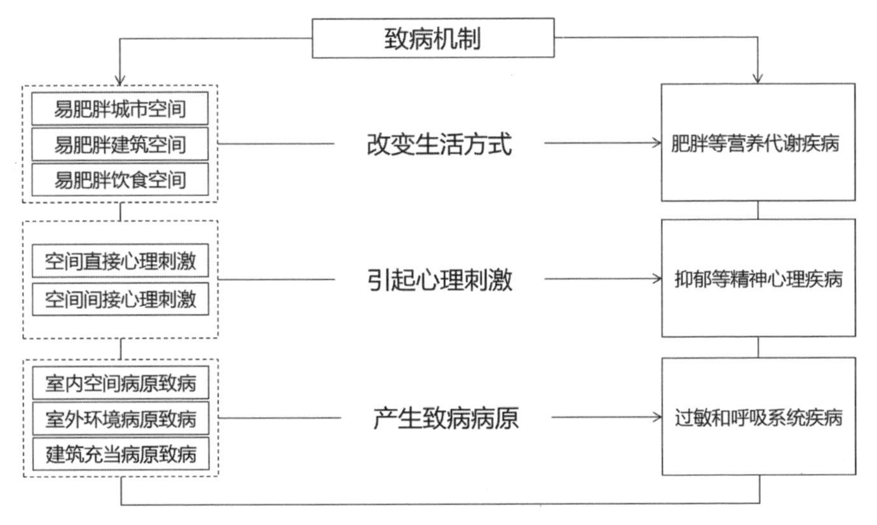

图4-1 社区空间引发疾病的三种致病机制

生活方式从而导致疾病；二是社会心理致病机制，主要指社区空间产生或引发居住者心理刺激导致疾病；三是产生致病病原的致病机制，主要指空间产生和传播致病病原导致疾病。这三种空间致病机制，对应了三类相应的空间相关疾病（图4-1）。摸清三类致病机制，逐个确定整治和改良社区规划设计中的致病因素，是未来健康社区研究和实践的重要方向。

二、社区产生致病病原

“社区产生致病病原”的理论出现较早，也较为容易被理解和普遍接受。这一致病机制的核心概念是城市社区空间直接通过微环境中的生物、物理、化学等因素产生或者传播致病病原，影响大气、水质等室外环境和温度空气湿度等室内环境，进而导致使用者患相关疾病。这一致病机制的影响是比较直接的，社区环境因素既可能造成传染性疾病，也可能催生慢性疾病。主要的相关疾病包括呼吸系统和免疫系统的疾病，例如过敏、哮喘、各类流感、呼吸系统中毒等。建筑和社区空间可以产生各种"过敏源"或"传染源"，也可能直接充当致病原，如病态建筑综合症等（图4-2）[①]。从整个城市的角度看，城市规划会影响城市的大气环境和水环境，导致雾霾、水污染

① BORASL G, ZARDINI M, Imperfect Health The Medicali-zation of Architecture[M]. Zurich. Lars Müller Publishers. 2012.

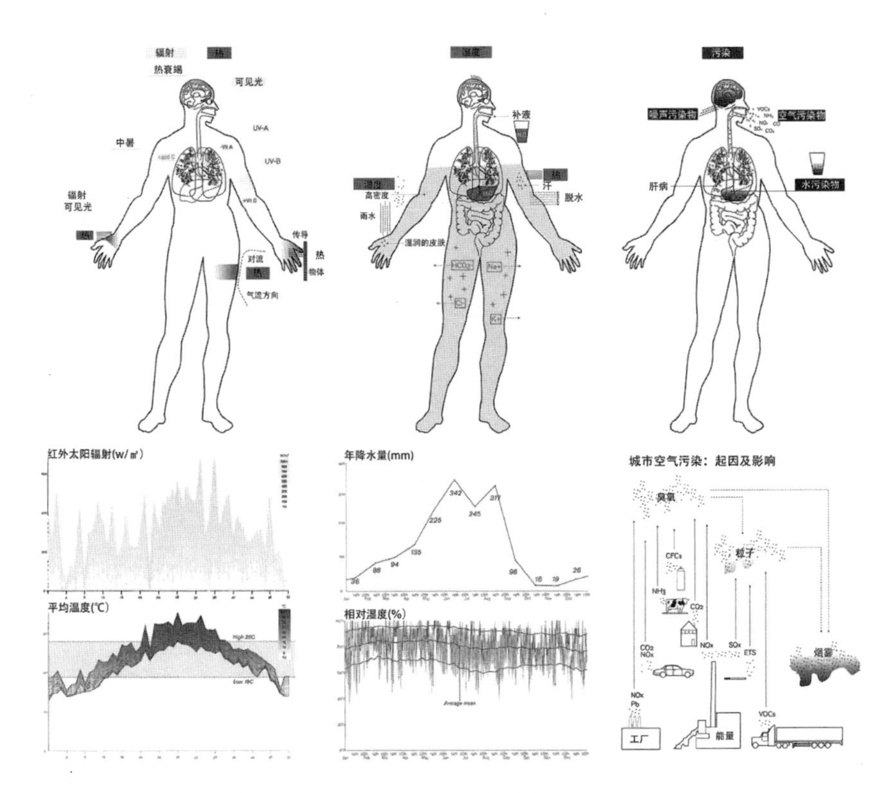

图4-2　空间辐射、湿度和污染物对人体的影响示意图
（图片来源：作者改绘）

等区域性问题。在社区的尺度上，产生致病病原主要包括三种途径。

一是通风设计导致呼吸疾病传播。通过空气传播的各类传染病，尤其是呼吸系统传染病与建筑室内通风有着不可分割的关系。居住建筑中通风天井的设计、社区的微环境不佳和室内通风系统的不良设计会加剧呼吸道传染疾病的传播（图4-3）。例如，香港大学建筑环境李玉国教授通过计算流体动力学分析（CFD）和多区模型的方法模拟了香港淘大花园居住区SARS的传播规律，很好地解释了“SARS通过通风天井传播”的扩散机制[①]。

① IGNATIUS T S YU, YUGUO LI, TZE WAI WONG. Evidence of airborne transmission of the severe acute respiratory syndrome virus[J]. New England Journal of Medicine. 2004. 350(17). 1731-1739.

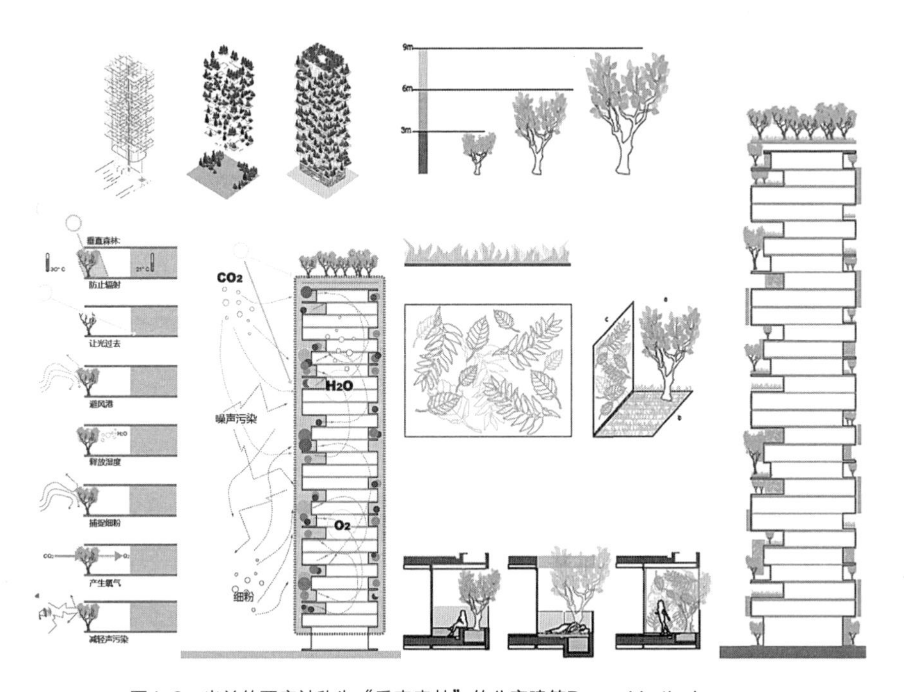

图4-3 米兰的两座被称为“垂直森林”的公寓建筑Bosco Verticale

二是社区景观配置不当，引起过敏哮喘等病症。景观植物常常被认为是有益于人群健康的，但景观设计中树种配置不当会导致相关疾病。任何种类的植物过剩种植都会引起过敏和哮喘，美国学者托马斯·利奥·奥格伦（Thomas Leo Ogren）提出了"奥格伦植物过敏指数"（OPALS）用以评估所有园艺植物潜在的致敏可能性。植物过敏主要由花粉传播引起（图4-4）[①]。在社区景观设计中减少高致敏植物类型或者减少雄株能够有效降低居民过敏和哮喘的概率。

三是建筑本身充当致病病原。病态建筑综合症（Sick Building Syndrome，以下简称SBS），是指某一栋建筑由于理化环境、空间设计等综合因素，引发使用者的种种病理不适。这一疾病1982年由世界卫生组织命名，最早影响的主要是多层办公和居住建筑。SBS的症状并不是单一的，而是综合了恶心呕吐、过敏和眼耳鼻喉不适以及心理不适等。澳大利亚学者贾尼斯·扬茨（Janis Jansz）提出了SBS与建筑设计相关的证据。这些证据包括：SBS症状与患者在某一特定建筑中生活工作的时间正相关；当患者离开这一特定建筑时，SBS症状消失；这些症状季节性复发；处在该建筑中的其他人发生相同的症状等[②]。SBS不仅与社区中住宅建筑的施工和材料相关，还包含了社区和建筑设计本身给人带来的不适感，是一种综合性的疾病。

① OGREN THOMAS LEO. Allergy free gardening[M]. Berkeley：Ten Speed Press, 2000.

② ABDUL WAHAB S A. Sick buildng Syndrome: in Public Buildings and Workplaces[M]. Berlin: Springer. 2011.

OPALS=3 银杏

OPALS=10 刺柏

OPALS=1 刺柏

OPALS=10 桑树

OPALS=1 矮牵牛

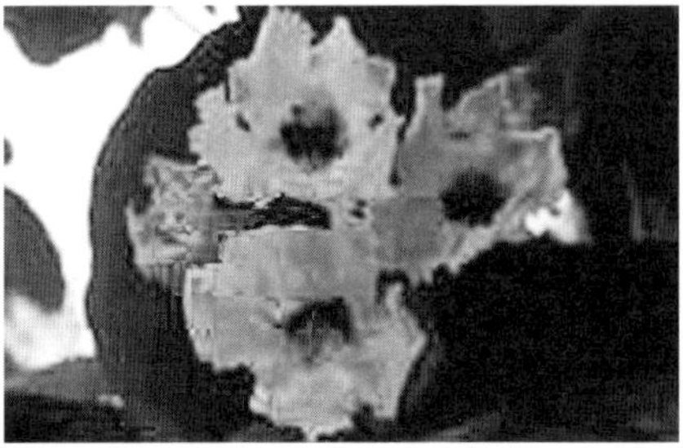

OPALS=8 黄金树

图4-4 不同景观植物种类的OPALS指数
（图片来源：http://www.stefanoboeriarchitetti.net/news/il-bosco-verticale/）

三、社区引起心理刺激

“社区引起心理刺激”的相关理论晚于上文所讲的致病病原论，萌芽于20世纪30年代，在20世纪90年代达到顶峰。这一致病机制的核心理论是社区和建筑空间直接或者间接扮演“心理刺激源”（Mental Stressor），对居民造成不良心理暗示和心理刺激，并进一步引起不适和病症，包括压力过大、焦躁、注意力不集中等，严重的甚至会引起抑郁症或自杀倾向。值得一提的是，社区对居住者的心理健康存在着正面和负面的两种影响，既可以通过帮助康复来促进人的健康，也可能通过不良刺激导致人的心理不适和疾病。此外规划设计的影响不仅涉及抑郁、焦虑等心理方面的疾病，也可能间接通过负面心理暗示导致其他的不良习惯和疾病。

社区引起心理刺激的论点最早出现在20世纪30年代末，芝加哥第一张“精神病理地图”引发了心理学界和地理学的结合。这一研究从宏观分布上证明了城市的某些社区确实更容易导致居住者的心理疾病[①]（图4-5）[②]。20世纪60年代科学家约翰·卡尔霍恩（John B Calhoun）著名的实验间接证明了空间“拥挤”对于使用心者理的影响[②]。20世纪80年代，这一领域迎来了重要的发现。1984年，学者乌尔里希在《科学》杂志上发表了著名文章《病房窗外的景色可能影响术后康复》[③]。该研究证明窗外有自然树木景色的病患比窗外只有砖墙的病患康复更迅速彻底，进而得出了自然景观能够影响患者心理，促进康复的结论。这成

① FARIS R L, DUNHAM H W. Mental disorders in urban areas: an ecological study of schizophrenia and other psychoses[M]. University Chicago Press, 1939 .

② CALHOUN J B. Population density and social pathology[J]. California Scientific American. 1962.

③ UIRCH R. View through a window may influence recovery[J]. New York: Science, 1984, 224(4647): 224-225.

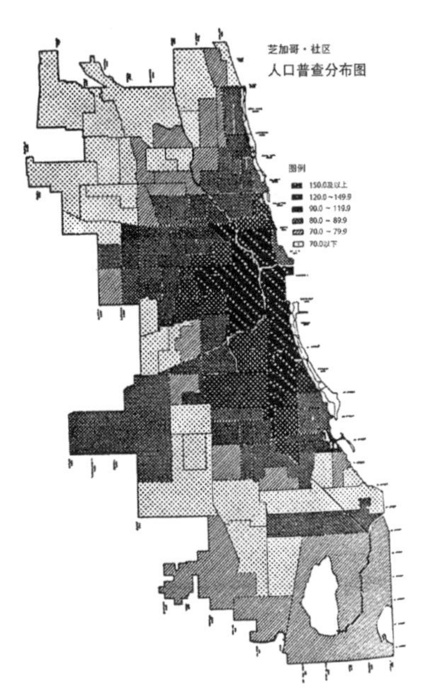

图4-5 芝加哥精神病理地图及20世纪30年代芝加哥分租屋资料照片
（图片来源：作者抄绘）

了后来循证设计和康复景观的起源。1995年英国建筑学学者戴维斯·哈尔彭在《心理健康与城市建筑空间：不只是砖和泥浆》一书中研究了城市设计和建筑设计中可能影响使用者心理健康的因素[①]。哈尔彭提出“环境刺激”（environmental stresso）的概念，将环境刺激分为传统环境刺激和社会环境刺激。传统环境刺激包括冷热季节、空气质量及噪声刺激等；社会环境刺激包括过度拥挤、犯罪恐惧等，并给出英国的东湖住区（Eastlake Estate）的改造案例。

城市社区空间中的直接心理刺激源包括空间本身的采光、潮

① HALPERN D. Mental health and the buit environment: More than bricks and mortar?[M]. Bristol: Taylor& Francis, 1995.

湿、噪声等物理因素和色彩、尺度、拥挤等设计因素。间接心理刺激源包括社区空间所导致的一系列社会刺激源，例如自然的接触、对犯罪的恐惧、社区的等级标签、不良的空间符号和空间归属感弱等。

四、社区改变生活方式

“社区改变生活方式”是社区引起居民患病的三个主要致病机制中出现最晚的，主要理论和实践在近十年才有了较大的发展。这一理论的核心概念是城市社区空间的用地规划混合度低、步行指数低下、出行方式受限、饮食分布不佳、缺乏公共活动空间、建筑运动系统设计欠缺等社区空间“功能”问题影响使用者的使用方式和日常行为轨迹。久而久之，生活在这样的城市社区中的人群逐渐养成“久坐不站”“汽车依赖”“室内娱乐”“高热饮食”等不良生活方式，进而导致一系列的慢性疾病。“社区改变生活方式”所涉及的健康问题大多由“缺乏日常锻炼”和“饮食热量过高”两个主要因素造成，涉及的慢性病主要包括肥胖症和一系列由于肥胖而引起的其他重症，如心血管病和二型糖尿病等。此外这些不良生活方式也可能导致抑郁症等一些心理疾病。“社区改变生活方式”在建筑学中的研究和实践远远滞后于公共卫生领域。近十年来，由于城市社区规划和建筑设计与不良生活方式关系的讨论才逐渐成为关注热点。

在社区规划方面，“摊大饼”似的无序扩张和职住分离导致了城市居民汽车依赖的出行方式和日常体育锻炼的缺乏，“肥胖城市”的种种弊端已经被证明。例如，学者芭芭拉·布朗（Barbara B. Brown）运用地理信息系统研究了美国盐湖城的肥胖三高人群。研究表明更高的用地功能混合度确实对应了更低的平均居民肥胖指数（BMI）值和肥胖可能性（图4-6）[①]。而与之相对的“健美城市”思潮正在兴起，纽约市从2006年起召开健康健美城市会议，研究城市规划设计对居民肥胖症的影响和可能举措。“提高用地功能混合度”“提升城市步行指数”“建设推广慢行系统”和“优化城市饮食分布”是健美城市的主要研究和实践方向。

在建筑设计方面，现代主义建筑的设计核心理念是便捷和效率，然而高层建筑尤其是高层住宅的大量出现使得电梯和自动扶梯代替楼梯成为居民日常的垂直交通方式。建筑学者乔瓦娜·博拉希和米尔科·扎蒂尼在《去医学化的建筑》中提到了肥胖楼（Fat Building）和健美楼（Fit Building）的概念。传统效率优先的电梯建筑空间因为大幅减少了居民的日常运动而导致肥胖，“增加楼梯的日常使用”“提升公共空间品质”和“设计专有活动空间”是健美楼的发展方向（图4-7）。

针对肥胖症及其相关慢性病的预防问题，城市规划和建筑设计中出现了“活跃设计”（Active Design）这一新的健康社区设计思潮。活跃设计的内涵是通过社区设计的手段，扭转城市居民的日常生活和饮食习惯。美国纽约市率先成立了“活跃设计中心”（Center for Active Design），研究城市设计和建筑设计中各种提升居民日常锻炼可能性的设计策略，为预防肥胖症等慢性疾病而努力[②]。基于日常行为理论的“活跃设计”理论有望成为继“新城市主义”和“精明增长”之后的又一看待和解决城市问题的视角。

① BROWN B B, YAMADA I, SMITH K R. Mixed land use and walkability: Variations in landuse measures and relationships with BMI, over weight and obesity[J]. Heath&place, 2009, 15(4): 1130-1141.

② ZARDINI M, BORASI G. Imperfect Health: The Medicalization of Architecture[M]. CanadianCentre for Architecture, 2012.

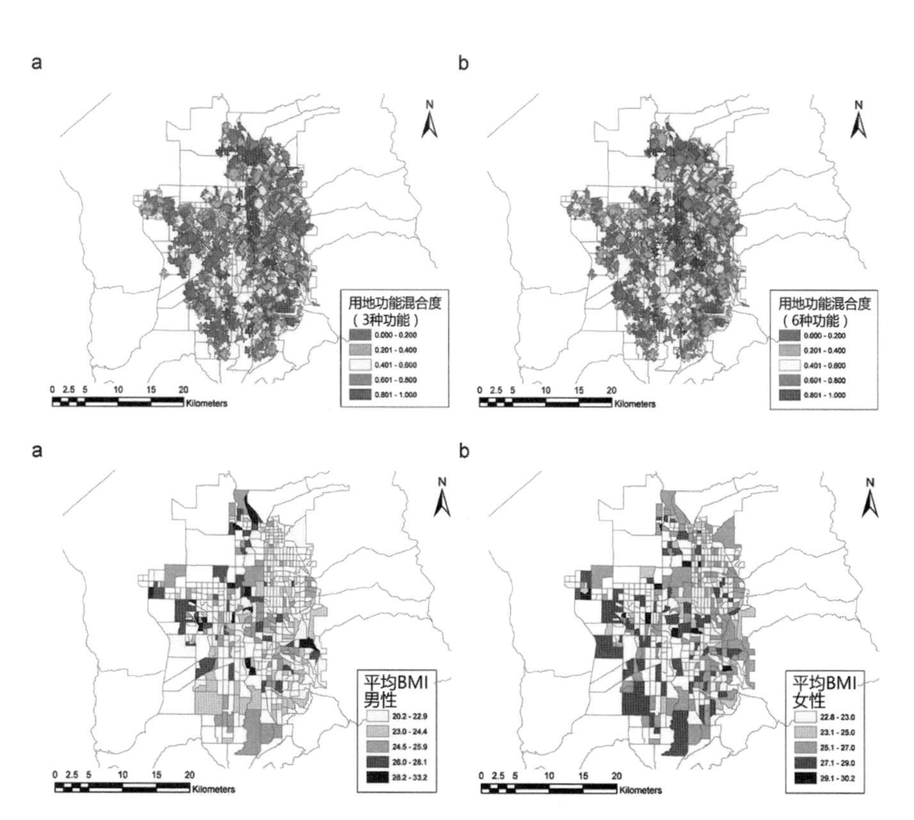

图4-6　美国盐湖城居民肥胖指数BMI与用地功能混合度LUM分布的关系示意图

（图片来源：作者抄绘）

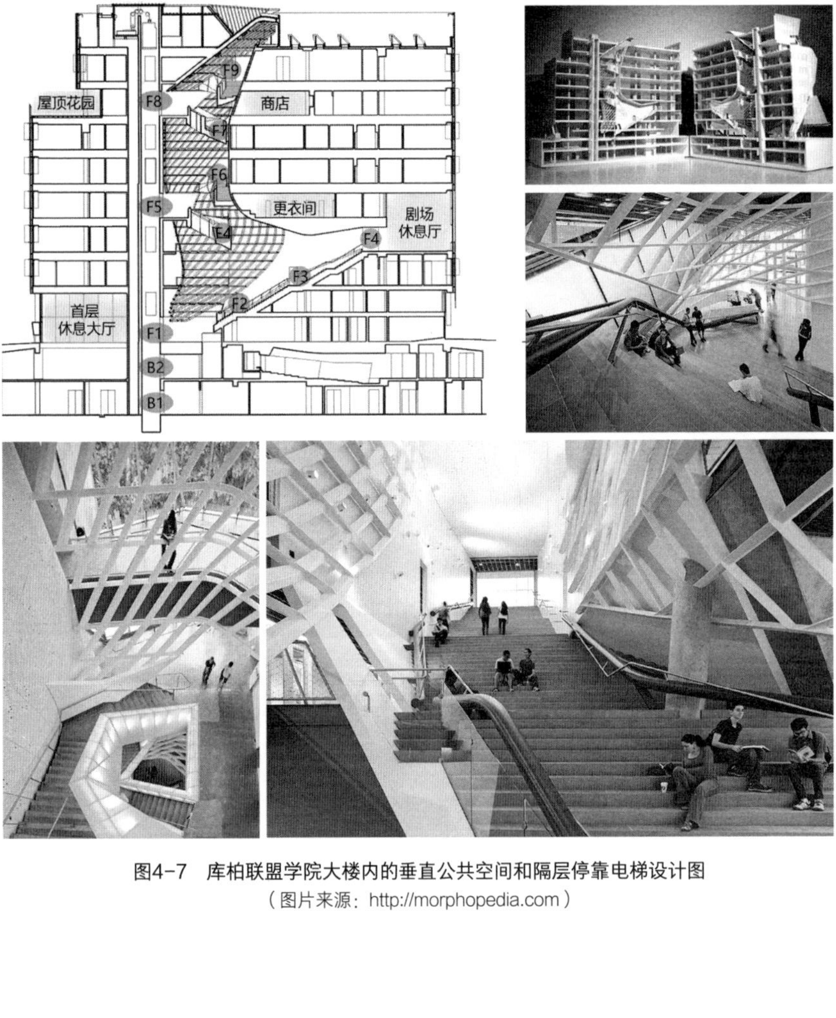

图4-7　库柏联盟学院大楼内的垂直公共空间和隔层停靠电梯设计图

（图片来源：http://morphopedia.com）

五、启示：迈向健康社区

当代中国大城市中，城市社区空间导致的上述三类相关疾病的问题不容忽视。这些问题中有些是已成威胁的、极度紧迫的，需要尽快拿出方案且实施治理；有些是已见端倪的，根据相关疾病流行病学特点将会逐年上升并在城市范围内暴发，需要引起管理部门、学术研究机构和建筑师规划师的重视。从“雾霾”的暴发案例来看，许多在西方已经有过前车之鉴的城市空间导致的疾病问题值得中国大城市警觉。

因此，完善当代健康社区的疾病预防理论，搭建“社区空间设一致病机制一疾病预防”三者之间的关系框架，探索相关的健康社区整治设计策略，为政府、设计师和居民提供建议，是改变北京、上海等大城市空间相关的流行病肆虐现状的紧迫现实议题。通过社区规划和建筑设计手段整治和改良城市空间，解决疾病预防问题，是提高城市空间品质，营造“健康社区”的核心基础工作，建筑师与公共卫生学家应当通力合作，为健康中国添砖加瓦。

理论

思辨

案例

城市设计中的健康影响评估（HIA）：亚特兰大

基于活跃设计的城市健康设计导则：纽约

流行病视角下的健康街道设计评价体系：北京

心理健康视角下的人行道空间四界面元素：北京

城市设计中的健康影响评估（HIA）：亚特兰大[①]

一、概述

居民健康是城市空间规划设计的基本诉求之一。19世纪，传染病的暴发催生了现代意义上城市规划学的诞生。随着人类疾病谱的转化，慢性疾病逐渐替代传染病成为主要的居民健康威胁。20世纪80年代，欧洲率先启动了健康城市计划，城市空间再次成为影响居民健康的关注焦点。

近10年来，肥胖症、三高、心血管疾病、抑郁、哮喘、过敏等慢性疾病在北京、上海、纽约等大都市中的患病人群不断增加，成为有代表性的大城市流行病，这些疾病被证明与城市空间的规划设计直接相关[②]。如何通过规划设计预防疾病，提升居民健康水平，成为城市设计领域的重要研究和实践议题。通过城市设计预防疾病，首先需要预判已有的城市空间和规划项目的健康相关问题及严重程度。健康影响评估（Health Impact Assessment，后简称HIA）作为一种公共卫生领域的研究方法，被逐渐运用在城市规划设计的决策中。

① 原载于《城市设计》2016年第6期80-87页《城市设计中健康影响评估（HIA）方法的应用——以亚特兰大公园链为例》. 作者：李煜，王岳颐.

② ZARDINI M，BORASI G. Imperfect Health: The Medicalization of Architecture[M]. Canadian Centre for Architecture, 2012.

二、什么是HIA？为什么需要HIA？

城市空间对人群健康的影响层级，可以用“健康定居地图”来描述。这一概念在2006年由英国学者休·巴顿（Hugh Barton）等提出[①]。健康定居地图系统整理了所有影响人类健康及可能导致疾病的个人、社会和环境因素。将健康因素分为8个圈层[②]，位于第6层的“建成环境”既能够直接影响个人健康，也可以通过影响另外几个圈层来间接作用到影响个人的健康。运用健康定居地图能够对某个因素对健康的影响有非常全面和理性的判断（图5-1）[③]。美国疾病预防中心（CDC）将健康管理的全过程归纳为10个议题，这些议题是环环相扣的，健康因素的监控和评测是推动立法和健康项目实施的基础（图5-2）。健康影响评估（HIA）正是调研和论证包括城市空间设计因子在内的各项健康影响因子的一种重要方法。

学者奎格利（Quigley R）将健康影响评估（HIA）定义为：“一组程序、方法和工具，用来系统评估某个政策或项目对人群健康存在的潜在影响。同时了解这些影响在人群中的分布，以确定采取的适当行动。”[④]从这个意义上讲，HIA可以被用在政策制订和各个规划进程中，用来提前预

① 李煜. 城市易致病空间理论[M]. 北京：中国建筑工业出版社，2016.

② 第一层为“个人因素”，包括年龄、性别、遗传因素等；第二层则是个人的“生活方式”，包括饮食习惯、日常锻炼、工作生活平衡等；第三层是“社区的影响”，包括社会资本、社交网络和文化等；第四层是“本地经济”，包括收入水平、市场和投资等；第五层是“活动”，包括工作、购物、搬迁、生活、娱乐、学习等；第六层是“城市建筑空间”，包括建筑、公共空间、公园、街道、步道等；第七层是“自然环境”，包括自然栖息地、空气、水、土地等；最外层则是“全球生态系统”，包括气候的稳定、生物多样性等。健康定居地图适用于研究与健康相关的多种问题，某一圈层可以被单独关注。例如最基本的研究人群的健康影响因子，可以逐层考察每一圈层对人健康的直接影响，也可以叠加某一层通过影响另外一层而间接对健康造成的影响。

③ BARTON H, GRANT M.A. Health map for the local human habitat[J]. The Journal of the Royal Society for the Promotion of Health, 126 (6): 252-3.

④ QUIGLEY R, FURU L P, BOND A. Health impact assessment international best practice principles[R]. Fargo: International Association for Impact Assessment, 2006.

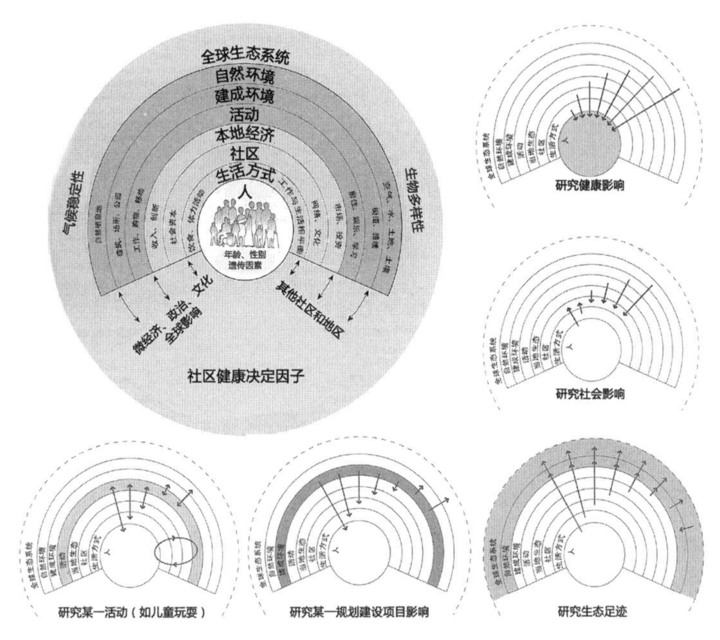

图5-1 健康定居地图与社区健康决定因子
（图片来源：作者改绘）

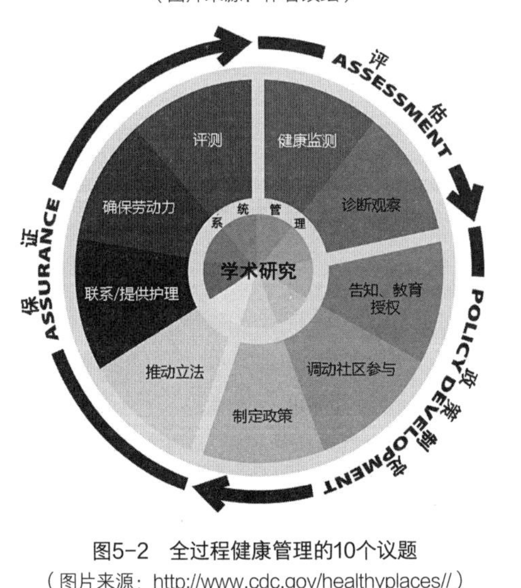

图5-2 全过程健康管理的10个议题
（图片来源：http://www.cdc.gov/healthyplaces//）

测和评估某一项目对周边居民健康的影响。对照健康定居地图的8个圈层，城市设计方案的制订、修改、建设和改造过程都可能通过生活方式、心理刺激和致病病原导致市民的健康风险。因此，HIA可以作为一种“专项规划”或者作为“设计策划”中的一个环节纳入到城市设计进程中，用来预防城市空间的种种问题，避免不健康城市空间的产生和恶化。

CDC认为健康影响评估可以分为6个步骤（图5-3）。第1步是筛选项目，识别规划项目或政策中哪些部分需要HIA；第2步是确定研究范围，识别需要考虑的健康影响因素；第3步是评估风险和收益，识别具体哪个区域，哪些人群会受到影响，以及会受到何种影响；第4步是提出发展建议，通过建议增加积极的健康影响或减少不良健康影响；第5步是得出研究报告，将研究的结果呈献给决策者；第6步是监测和评价，评估HIA的实施效果[①]。

图5-3 健康影响评估的6个步骤

（图片来源：http://www.cqgrd.gatech.edu/）

① CDC. Health impact assessment[EB/OL]. (2014-05-20)[2016-10-09]. http://www.cdc.gov/healthyplaces/. 2009.

三、如何判断是否需要HIA

在城市设计项目的策划和规划进程中，健康影响评估是一项新加入的专项研究，与安全评估、环境影响评估等并行。与城市空间相关的几类“空间相关疾病”在20世纪80年代后就开始频繁发生。但是城市空间的不良设计导致这些疾病的致病机理在近十年才逐渐被研究和揭示。因此，健康影响评估的概念还没有完全进入城市规划设计部门和城市设计师的视野。

城市空间影响居民健康的机理是复杂的，容易导致居民患病的城市空间设计因素也是综合的。从经济和效率角度看，并不是所有的规划建设项目都需要进行健康影响评估。那么，如何判断一个规划建设项目是否需要HIA？可以在该项目前期可行性评估阶段填写判断表格（表5-1）。该表格分为两个步骤，涉及项目的用地规模、人口数量、经济发展数据、可达性、各项环境健康数据等。政府和开发商可以根据表格内容计算分数，并判断是否需要健康影响评估以及需要局部评估还是整体评估。

判断一个项目是否需要HIA的步骤和依据　　表5-1

第一部分：一个项目是否需要做HIA?

核心问题 Key Questions	是 Yes	不确定 Uncertain	否 No
地理范围：该项目适用于一个完整的城市街区或更大的地理区域?	2	1	0
可逆性：一旦该项目实施后,改良和更新是否非常困难和昂贵?	2	1	0
人口规模：该项目能够增加住宅或工作场所的规划建筑面积是否达到100英亩或更多（例如，增量大于33%）?	2	1	0
累积效应：该项目所在区域是否有一个具体确定的健康问题（如交通安全、空气质量、不健康的食品，被污染的棕地）?	2	1	0
受影响的人：该项目或规划是否会影响弱势群体（例如，儿童，老年人和低收入者）?	2	1	0

续表

核心问题 Key Questions	是 Yes	不确定 Uncertain	否 No
土地利用：该项目是否彻底改变了地块的主要用地性质（例如，从住宅到商业）？	2	1	0
机构能力：该项目的主导者，如当地政府，非营利组织和私人机构的能力，是否足以解决任何潜在的问题？	2	1	0
总分 Total			
如果总分是11或更高，则需要HIA，请测试Part 2。 如果总分为7-10，潜在需要HIA，推荐测试Part 2。 如果总分是6或更少，不需要HIA。可针对某一区块或具体问题评估			

第二部分：该项目是否满足健康社区设计的一些初步门槛？回答以下有关该项目的问题。

核心问题 Key Questions	是 Yes	不确定 Uncertain	否 No
可达性：该项目是否在可建设用地上规划平均密度大于七单位（每英亩）供居民居住的住宅单元？	2	1	0
可达性：该项目3/4英里范围内，是否规划了为住宅和工作区服务的通勤交通功能？	2	1	0
体育活动/社会资本：为了给居民（特别是儿童）提供体育活动和社会交往，该项目所有的住宅区周边400米以内是否有一个社区公园，步行小径，或开放空间？	2	1	0
社会资本：该项目是否包括了混合的住房密度和/或长租房（例如，存量房中至少有15%~20%是长租房或公寓）？	2	1	0
空气质量：是否有任何住宅区或学校在200米的一个主要的汽车相关的交通走廊，如高速公路或公路与六个或更多的车道？	2	1	0
空气质量：该项目区域内是否包含了产生空气污染物的企业（例如，干洗店，汽车喷漆，制造业）？	2	1	0
水质：该项目区域内是否已经配备了供水和下水等基础设施？	2	1	0
食物：在每个家庭的一英里内有超市或水果和蔬菜店吗？	2	1	0
安全：该项目是否有足够的安全考虑用于所有模式,如交通安抚,为机动车提供独立的设施,或确保有足够的照明和视线。	2	1	0
总分 Total			
如果总分达到13或更高，建议进行HIA。 如果总分在8~12之间，HIA是潜在的需要。 如果总得分7或更少，不需要HIA。可针对某一区块或具体问题评估			

注：根据Blue Cross and Blue Shield of Minnesode改绘

四、HIA相关的城市空间因素

健康影响评估最早是循证医学中的一项重要研究方法。这一方法已开始被借鉴到健康城市的相关研究和实践中。在城市设计层面，3类空间相关流行病所对应的城市空间因素和防病设计因子可以由一系列指数评定。

笔者总结了目前HIA主要关注的空间因素对应的数据指数（表5-2）。这些指数涉及一系列大数据，数据收集方一般是地方政府或者少量大型企业。按照数据收集渠道，可以分为公共卫生部门的统计数据、城市规划设计部门的数据和其他渠道（包括经济、人口、税收等）。

影响健康的城市空间因素 HIA统计数据列表　　表5-2

统计途径	数据名称	相关健康问题及意义
公共卫生	体重指数BMI	描述居民的肥胖程度
	每周运动量WPA	描述某一居民每周的运动时间和强度
	社区久坐生活方式统计	描述不良生活方式在各个社区的分布，帮助研究与社区空间的关系
	社区级肥胖率/超重率	划分到社区尺度的肥胖/超重人数统计，帮助建立细致的肥胖症地图以研究城市设计与建筑设计的影响
	社区级患病人数统计	划分到社区尺度的糖尿病、高血压、血脂异常、心理疾病、慢性呼吸疾病人数统计，帮助建立细致的患病地图以研究城市设计与建筑设计的影响
	患者住址及办公地址	用以研究慢性病患者的居住和工作的城市空间及建筑空间、以及通勤时间及路线
	SF36心理健康指数MH	描述居民的心理健康程度
	SF36生命活力指数VT	描述居民的社交活力状况
规划设计	用地功能混合度LUM	描述某一地区各个用地功能的混合程度
	零售层面积比例RFAR	零售商业的楼地面面积除以零售商业的用地面积。如果某一零售商业建筑的RFAR较低往往说明建筑退线较多或者地面有停车场，而较高的RFAR说明零售商业附近的步行环境良好

续表

统计途径	数据名称	相关健康问题及意义
规划设计	居住区建筑层数	研究居住空间“负面符号”影响心理健康的参考数据，同时提供每日爬楼梯可能性的参考数据。（多层住宅大部分无电梯需要爬楼梯，高层住宅则多以由梯代替了爬楼梯）
	建筑材料有害物质含量	住宅微环境中的病原引起居民患病的参考数据
	居住净密度NRD	居住单元个数与某一片区用于居住的占地面积的比值，用以计算步行指数
	交叉口密度ID	描述路网的可达性，指某一片区各个路口交叉路个数与该片区占地面积的比值，交叉密度越高说明地块内通往各个目的地的可达性越高
	居住区居住密度	居住空间“拥挤”导致心理疾病的参考数据
	户均居住人数	居住空间“拥挤”导致心理疾病的参考数据
	人均居住面积	居住空间“拥挤”导致心理疾病的参考数据
其他部门	居住区住/租房均价	居住空间“负面符号”导致心理疾病的参考数据
	社区旁道路交通量	研究“社交缺乏”导致心理疾病和“交通安全隐患”导致步行运动减少的参考数据
	社区犯罪数据	居住空间“犯罪恐惧”导致心理疾病的参考数据
	社区噪声暴露程度	某一社区受到各类噪声影响的时间和严重程度
	社区空气质量指数	用以研究社区微环境中的PM2.5、PM10等致病病原引起居民患病的参考数据
	社区空气有害物浓度	用以研究社区微环境中的空气污染致病病原引起居民患病的参考数据
	社区空气温度湿度	用以研究社区微环境中的温度湿度问题导致致病病原产生引起居民患病的参考数据
	社区植物OPALS密度	用以研究社区微环境中的植物花粉等产生致病病原引起居民患病的参考数据
综合统计	步行指数WI	描述某一社区适宜市民步行的程度
	个人空气污染暴露程度PE	综合描述居民受到致病病原影响的参考数据

这些指数中，一部分是传统公共卫生或城市设计从业者已经关注和收集的，例如人群的各项生理指数、流行病在人群中的分布、基础的城市空间规划建设数据等。另一部分是针对当代“健康城市设计”或“防病城市设计”的主要议题，经过多学科的交叉整合后新兴出现和定义的。在此简要介绍一些重要的新健康空间影响因素和指数。

第一是用地功能混合度（Land Use Mix），简称LUM，用来评价某一街区各个用地功能的混合程度。LUM长久以来一直是一个定性概念，其定量计量始于20世纪末。较早的定量方式是美国学者罗伯特·塞维罗（Robert Cervero）的“九宫格模型”，用以研究城市设计中的几项指标与市民日常出行方式和体育锻炼时长的关系[①]。而目前较为普遍的定量模型是“熵值模型”，出自加拿大学者劳伦斯·弗兰克（Lawrence Frank）关于肥胖症与社区设计、日常锻炼和开车时间的关系的研究[②]。该模型给出了LUM的量化计算公式：

$$LUM = -\sum_{i=1}^{n} p_i \ln p_i / \ln n$$

用地功能混合度和空间相关流行病的关系已经在美国亚特兰大地区、盐湖城等城市的研究中得到实证。[③]

第二是步行指数（Walkability Index），简称WI，是衡量某一街道或社区是否适宜市民步行的指数。步行指数的评测方法众多，如与交通节点间的距离、配套设施的服务范围、合适的街道及人行道尺度、步

① CERVERO R, KOCKELMAN K. Travel demand and the 3Ds: Density, diversity, and design[J]. Transport and Environment, 1997, 2(3): 199–219.

② FRANK L D, ANDRESEN M A, SCHMID T L. Obesity relationships with community design, physical activity, and time spent in cars. American journal of preventive medicine[J]. 2004, 27(2): 87–96.

③ BROWN B B, YAMADA I, SMITH K R. Mixed land use and walkability: Variations in land use measures and relationships with BMI, overweight, and obesity[J]. Health & place, 2009, 15(4): 1130–1141.

行时的安全与舒适程度等。2009年，美国学者里德·尤因（Reid Ewing）提出了步行指数的“专家评测模型”（Expert Panel），该研究从城市设计的角度汇总了影响某一街区居民步行行为的一系列主观和客观因素，将其分为物理环境特征、城市设计质量和个人感受反应3类。[①]劳伦斯则提出了定量研究步行指数的“NQLS模型”，包含了影响WI的4个主要空间因素[②]，用以定量计算某一社区的步行指数：

$$WI=[(2\times z\text{-}ID)+(z\text{-}NRD)+(z\text{-}RFAR)+(z\text{-}LUM)]$$

步行指数和肥胖症、呼吸疾病等流行病的关系已经在巴尔的摩和西雅图金县、比利时的24个社区[③]、巴西库里提巴[④]等城市社区研究中得到实证。

第三是公共交通密度。美国学者安德鲁·朗德尔（Andrew Rundle）等对纽约公共交通出行系统和居民肥胖症患病比例的关系研究表明，公交车站点密度、轨道交通站点密度是影响社区居民的BMI值的重要因子[⑤]。公交站点的选址、剖面设计和城市家具配套也影响着社区居民的出行行为。研究表明当公交站点位于道路网络四通八达可达性高的区域时，该公共交通站点的利用率会大大提高[⑥]。

① EWING R, HANDY S. Measuring the unmeasurable: Urban design qualities related to walkability[J]. Journal of Urban Design. 2009, 14(1): 65-84.

② FRANK L D, SALLIS J F, SAELENS B E. The development of a walkability index: Application to the neighborhood quality of life study[J]. British journal of sports medicine, 2010, 44(13): 924-933.

③ VAN DYCK D, CARDON G, DEFORCHE B. Neighbor-hood SES and walkability are related to physical activity behavior in Belgian adults[J]. Preventive medicine, 2010, 50: S74-S79.

④ REIS R S, HINO A A F, RECH C R. Built environment and walking in adults from Curitiba, Brazil: Does walkability matter?[C]. San Diego: Active Living Research—Annual Conference, 2013.

⑤ RUNDLE A, ROUX A V D, FREEMAN L M. The urban built environment and obesity in New York city: A multilevel analysis[J]. American Journal of Health Promotion, 2007, 21(4s): 326-334.

⑥ LUND H, WILLSON R W, CERVERO R. A re-evaluation of travel behavior in California TODs[J]. Journal of Architectural and Planning Research, 2006, 23(3): 247-263.

第四是城市食景分布。城市食景（Foodscape）指城市中各类食品售卖点的分布情况。GIS的运用和“健康食景地图”的绘制成为近年来新的研究方向。美国学者安德鲁·朗德尔等绘制出了“不易导致肥胖或三高”的健康食品售卖点在全城的分布地图，发现其密度与市民BMI值负相关①。詹姆斯·格拉汉姆（James Graham）研究华盛顿食景可达性与城市步行指数的关系，发现城市的发展和扩张虽然推动了更多超市和杂货店的建设，却因为交通和步行指数的降低而增加了居民购买健康食品的时间，健康食品店的可达性下降了②。

第五是社区心理刺激源。戴维斯·哈尔彭（Davis Halpern）针对心理疾病提出“环境刺激”的概念，将环境刺激分为传统环境刺激和社会环境刺激。传统环境刺激包括冷热季节、空气质量及噪声刺激等，社会环境刺激包括过度拥挤、犯罪恐惧等。

第六是奥格伦植物过敏指数（OPALS）。景观和植物常常被认为是有益于人群健康的，但景观设计中树种的不当配置会导致相关疾病。任何种类的植物过量种植时都会引起过敏和哮喘，美国学者托马斯·利奥·奥格伦（Thomas Leo Ogren）提出了“奥格伦植物过敏指数”（OPALS），用以评估所有园艺或景观植物的潜在过敏可能性。根据奥格伦的分类，“一种植物的OPALS值最低为1，一般分布在1～5，最大可达到10”③。

与健康城市设计相关的空间因素仍在逐步被发现。HIA所研究的指数也在不断创新。实时表达城市微环境中空气污染情况

① RUNDLE A, NECKERMAN K M, FREEMAN L. Neighborhood food environment and walkability predict obesity in New York city[J]. Environmental Health Perspectives, 2009, 117(3): 442.

② GRAHAM J K. Outside the buffer: Using GIS to better our understanding of grocery store accessibility[C]. American Planning Association National Conference, 2008.

③ OGREN T L. Allergy-free gardening[M]. Berkeley: Ten Speed Press, 2000.

图5-4 “空际”（In The Air）——圣迭戈空气污染HIA实时监测图解
（图片来源：http://intheair.es/index.html/）

的“空际”（In The Air）——圣迭戈空气污染HIA实时监测图解就是这样一种尝试（图5-4）。

五、亚特兰大公园链HIA案例

健康影响评估在西方城市空间的规划设计中已经开始起到重要的作用。这种作用首先体现在新项目的制订过程中。欧洲和北美近年来一直在探索HIA在空间化层面上的使用，亚特兰大公园链（Atlanta BeltLine）规划项目的健康影响评估是一个典型的案例。

2007年，亚特兰大市政府预备启动亚特兰大公园链项目，这是当时全美最大的城市更新和城市设计工程。该项目是在原有的长达22英里的旧工业铁路沿线建设公园、轨道交通、慢行步道、住宅区和商业区。这一项目的规划设计和实施将对亚特兰大的城市意向造成质的改变，同样也会极大地影响市民的健康和宜居环境。在规划设计推进的同时，亚特兰大市政府委托美国疾病控制中心CDC和佐治亚理工大学“宜居增长和区域发展中心”（Center for Quality Growth and Regional Development，以下简称CQGRD）进行了针对这一项目的健康影响评估，包括空间、经济、社会等角度可能产生的健康影响（图5-5）。在城市空间质量的层面，这一评估综合考虑了当代城市空间引发的肥胖症、心理疾病、呼吸系统疾病等流行

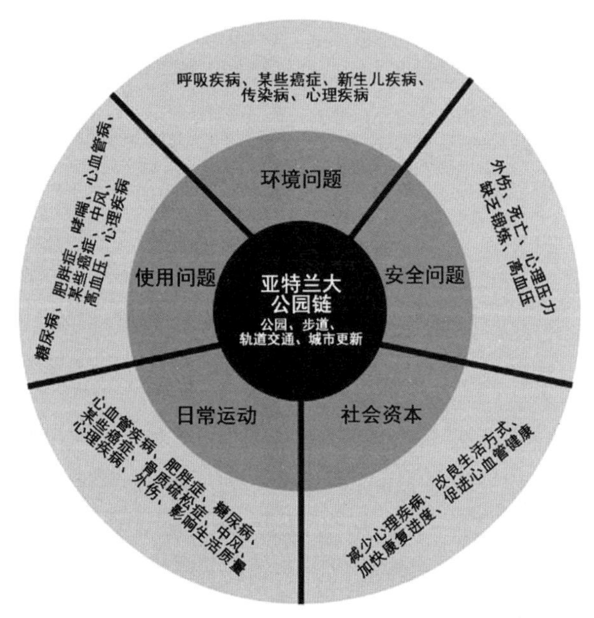

图5-5　亚特兰大公园链针对城市空间的健康影响评估模型
（图片来源：CQGRD, Atlanta BeltLine Health Impact Assessment）

病的问题，并对可能导致这些疾病的城市空间因素做了综合评估。在健康影响评估报告中，研究团队对亚特兰大公园链及周边研究范围内城市空间的步行指数WI、绿地公园系统配备及质量、居住密度、公共交通便利度、用地规划的混合程度LUM等健康空间要素做了细致的调研和评测。在此基础上，这一研究报告提出了针对城市空间的“综合评估和治理模型”。该模型从各种空间相关疾病的角度提出了改造城市空间预防疾病的5个方向。这5个方向包括使用问题、日常运动、社会资本、安全问题和环境问题[①]。

在确定“研究范围”阶段，亚特兰大公园链HIA不仅研查了22英里的旧铁路沿线，还将研究范围扩展到了沿线周边已经自然形成的城市社区，并将整个研究范围分为5个区块。在这5个区块中，公共卫生部门、城市规划建设部门和其他管理部门通力合作，提供了详细的数据和调研支持。在已有部门的基础上，政府和相关方还特别为本项目成立了顾问委员会、合作共同体和公园链有限公司，从制度的角度确保了项目的顺利实施（图5-6）。公共卫生和疾控部门调查和提供了研究范围内居民详细的公共卫生数据，包括人口总数、年龄种族性别等人口构成要素、出生率、死亡率、某些疾病的患病比率、自杀率、意外伤害数据、缺乏锻炼人口比例[②]。城市规划部门则提供了详细的规划信息和地理信息，包括住宅、商业、教育及工业用地面积和边界、住宅总量、现有公园数量及面积等。公共安全和环境保护部门提供了研究范围内的犯罪记录、空气质量指数、水污染情况、噪声污染情况等。此外，该项目还运用“报纸文献研究”和“居民访问调查”等

① ROSS C L, DE NIE K L, DANNENBERG A L. Health impact assessment of the Atlanta BeltLine[J]. American journal of preventive medicine, 2012, 42(3), 203-213.

② CQGRD. Atlanta BeltLine health impact assessment[R]. Atlanta: Center for Quality Growth and Regional Development, 2007.

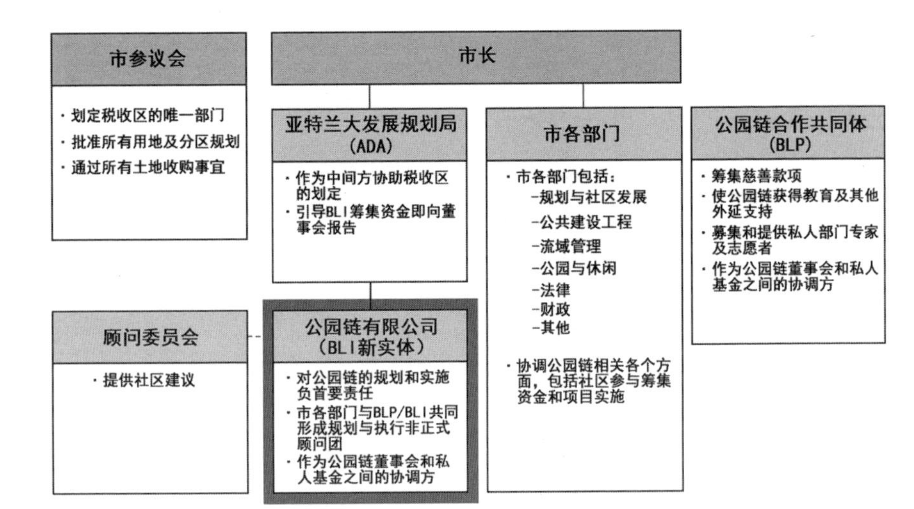

图5-6　亚特兰大公园链项目HIA相关方组织形式
（图片来源：作者改绘）

研究方式调研了亚特兰大公园链研究范围内的居民健康相关问题。

针对“综合评估和治理模型”归纳的5个方向，亚特兰大公园链健康影响评估细致分析了旧铁路轨道沿线及周边的城市空间现状，同时逐条评估了这一城市更新项目可能带来的所有健康威胁因素和促进因素（图5-7）。最终，在风险评估的技术上，亚特兰大公园链健康影响评估报告得出了极有意义的结论。该报告绘制了交通容量过大、空间环境致病病原多、健康食品售卖店可达性不足等城市“易致病”空间的范围和边界，为预防肥胖症等慢性病、心理疾病和呼吸疾病提供了基础。在各项独立指数综合评价的基础上，评估报告绘制了详细的健康空间“可达性”研究地图。这一地图包括整个公园链的服务范围、健康食品、锻炼步道的可达性等，为预防疾病提供了城市空间影响范围和整改办法（图5-8）。在报告的最后，针对以上的“易致病”城市空间区域提出了增加用地功能混

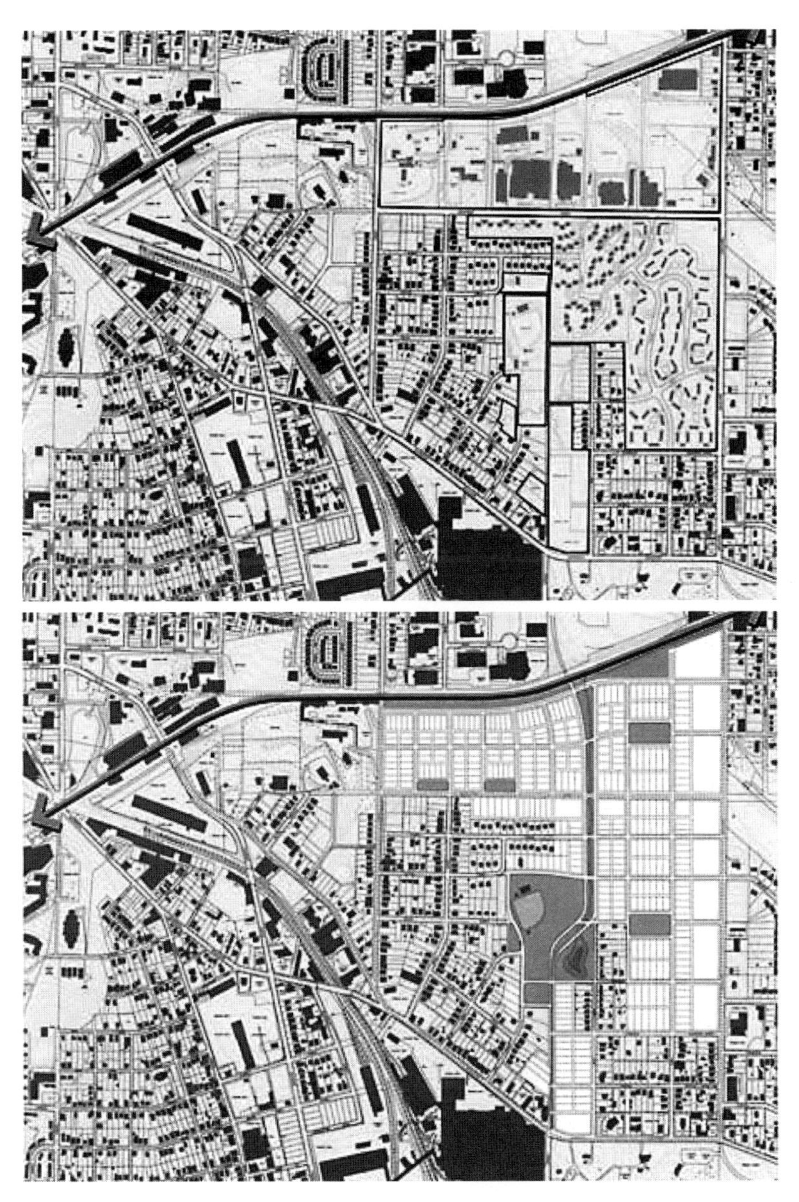

图5-7　亚特兰大公园链连接社区健康规划建议
（图片来源：作者改绘）

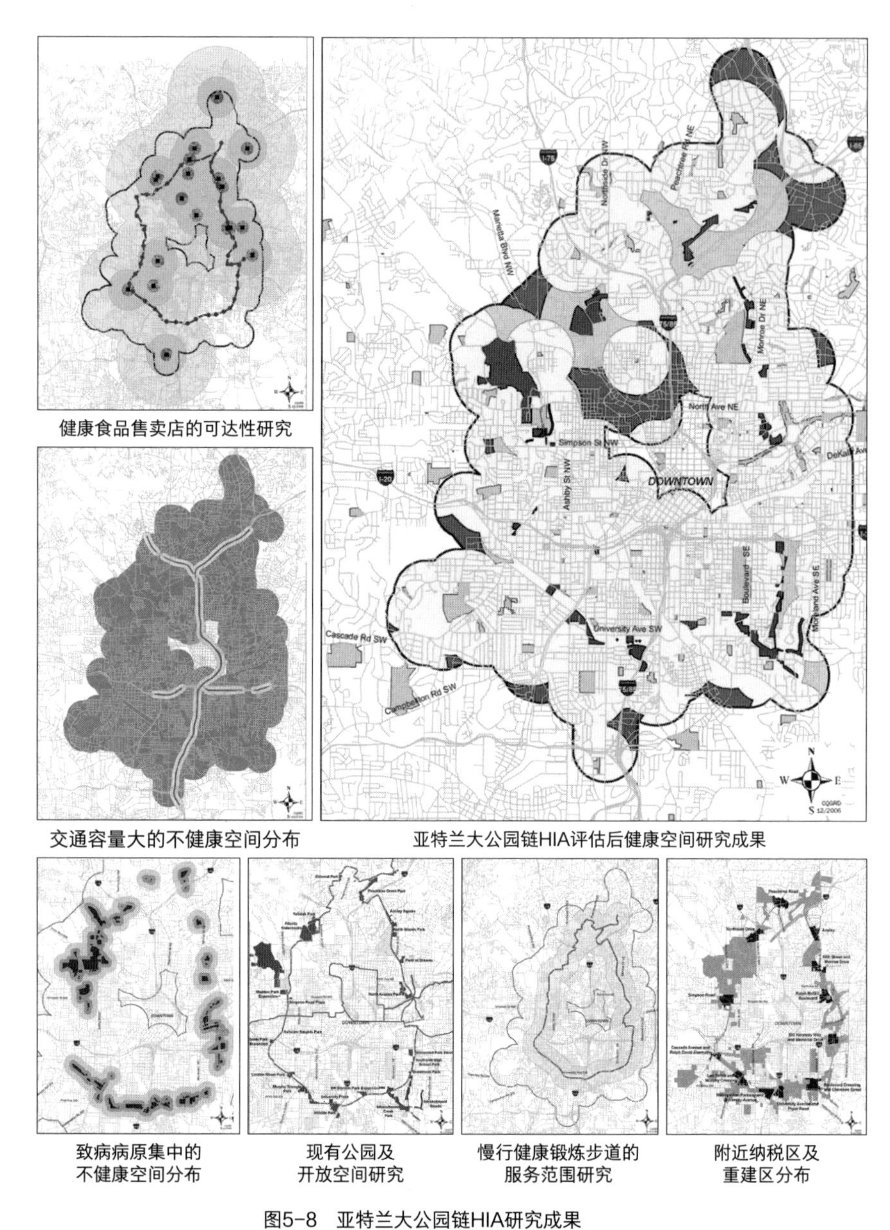

图5-8 亚特兰大公园链HIA研究成果

（图片来源：CQGRD. Atlanta BeltLine Health Impact Assessment）

合度（LUM）、增大步行指数（WI）、强化公共交通系统建设、公共空间与居住办公空间结合、住区规划选址躲避致病病原集中地等一系列改良措施。该报告为这一城市更新项目提出了一系列健康设计策略和建议，这些建议在亚特兰大公园链的建设过程中起到了重要的作用。健康影响评估HIA作为循证医学中的一种研究方法，已经开始在城市设计决策中起到越来越显著的作用。与城市设计相关的肥胖症、心理疾病、呼吸系统疾病等健康问题已经成为全球大都市面对的紧迫议题。相信在北京、上海等大都市新一轮城市更新的进程中，这一研究方法能提升宜居品质、助力打造健康城市。

基于活跃设计的城市健康设计导则：纽约[①]

在马斯洛的需求层次理论金字塔中，“健康”无疑是最基础的需求之一。随着近代医学的发展，对于“公共健康”的探讨已经不再局限于医学领域，而是呈现多学科交叉的趋势，甚至延伸出许多新的研究方向，如环境心理学、医学地理学等。

2008年世界卫生组织提出了“健康的社会模型”，从5个层级定义了社会意义下的健康。其中，城市物质空间作为第4个层级，正式成为影响市民健康的主要因子之一。城市空间直接与间接地影响着市民的健康，这一联系已经被证明。然而，关于如何通过城市空间的设计和改善，影响和促进市民健康的研究还比较稀缺。尤其是在我国公共健康的研究和实践领域中，建筑师和城市设计师角色的缺失已经日渐成为亟待解决的问题。纽约城市公共健康空间设计导则正是在这一领域的有益尝试。本章将介绍这一导则面对的公共健康问题及应对方案，制订过程中的特色和突破，以及倡导的主要城市设计策略和建筑空间设计模式。同时，以首都北京为例，讨论该导则在中国城市的公共健康空间设计中的几点启示。

① 原载于《世界建筑》2013年第9期130-133页《纽约城市公共健康空间设计导则及其对北京的启示》. 作者：李煜，朱文一.

一、健康问题与理论突破

从20世纪90年代开始，肥胖症及相关疾病如糖尿病、心血管病和某些癌症等慢性病已经成为影响北美大城市市民健康的重要威胁，美国各州的肥胖症患者比例在2007年已经普遍超过25%[①②]。当代社会中市民的生活方式已经逐渐改变，驾车取代了步行和自行车；电梯和自动扶梯取代了爬楼梯；电视电脑取代了传统体育锻炼和娱乐。现有的城市设计和建筑设计忽略了“日常锻炼”的重要性，城市中不健康的生活方式直接导致了肥胖症和相关疾病的多发。在纽约，43%的未成年人有超重甚至肥胖症的症状，成年人中主动汇报有肥胖症症状的则在2007年增长到22.1%[③]。针对这一公共健康问题，2006年纽约健康与心理卫生部联合纽约建筑师学会召开了第一届健康城市（Fit City）大会。大会上来自公共健康、城市设计和建筑设计等方面的专家讨论了建成环境改造与纽约城市公共健康的关系。健康城市从此成了每年一度的纽约城市健康空间设计研讨大会。大会讨论和整理了可能的城市健康空间设计策略，积累了大量的研究资料。

2010年，纽约市政府提出了《纽约城市公共健康空间设计导则》（*Active Design Guidelines: Promoting Physical Activity and Health in Design*）。该导则针对肥胖症和相关疾病这一当前美国大城市最严重的健康危机提出了城市物质空间层面的设计策略。这是该市第一个针对当代公共健康问题提出的城市设计和建筑设计层面的导则。

① MCCORMACK G, GILESCORTI B, BULSARA M. The relationship between destination proximity, destination mix and physical activity behaviors. Preventive Medicine[J]. 2008, 46: 33-40.

② NYC Department of Health and Mental Hygiene. NYC Health and Nutrition Examination Survey, 2004.

③ NYC Department of Health and Mental Hygiene. NYC Vital Signs, 2003.

《纽约城市公共健康空间设计导则》的特色首先体现在多部门、多学科合作的制定过程上。该导则由纽约市市长牵头，由纽约市设计与施工部、健康与心理卫生部、交通部、城市规划部联合制定。该导则综合了长期可持续规划办公室、残疾人办公室、学校建设权威、住房保护与发展相关部门、老龄化部、城市设计及建筑设计相关公司等多个政府部门和民间机构的研究成果。在导则颁布之前，纽约市政府通过公共和私人方式广泛征询了各界专家的意见，并在2009年1月组织了工作营专门讨论这一导则的相关细则。

该导则的另一突破在于其明确了实施的主体，它首次以政府导则的形式强调了建筑师和城市设计师在城市公共健康领域的重要作用。导则中梳理了建成环境影响市民健康的相关史实，挖掘了历史上城市规划师和建筑师在公共健康领域的贡献。在19世纪末20世纪初，纽约城市的极速发展和人口的过度增加导致了传染病的大量流行，建筑师和城市设计师通过一系列的设计措施改良了城市环境，抑制了流行病的蔓延。而当今，肥胖症已经成为影响全美大城市的重要健康问题。《纽约城市公共健康空间设计导则》直接面向建筑师与城市设计师，同时提出了城市设计和建筑设计两个层面的空间设计策略。

同时，《纽约城市公共健康空间设计导则》在理论方面有了新的突破（图6-1）。与过去的建筑和城市设计导则不同，该导则分析了公共健康领域的相关研究，得出了肥胖症及相关疾病的发病原因，并得出了一套影响机制和设计模式。纽约城市公共健康空间设计导则的核心是教育建筑师和城市设计师在设计中尽量增加日常锻炼活动的可能性。导则希望在城市设计和建筑设计中引入“公共健康空间设计”的相关策略，以此来改造城市建成环境，改变市民生

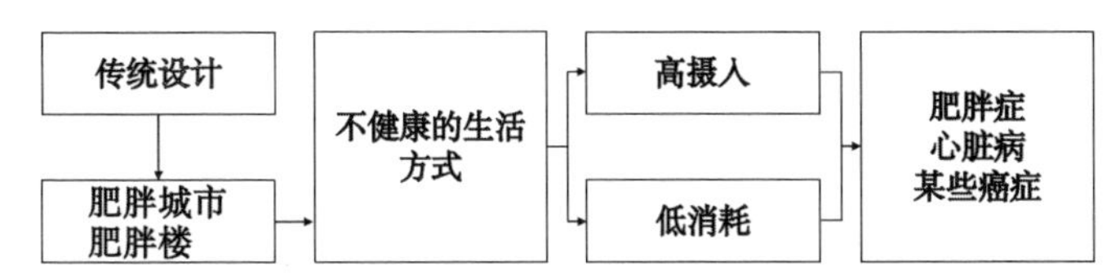

a 传统的城市设计和建筑设计导致不健康的生活方式，导致高摄入、低消耗，增加了市民患肥胖症的可能性。

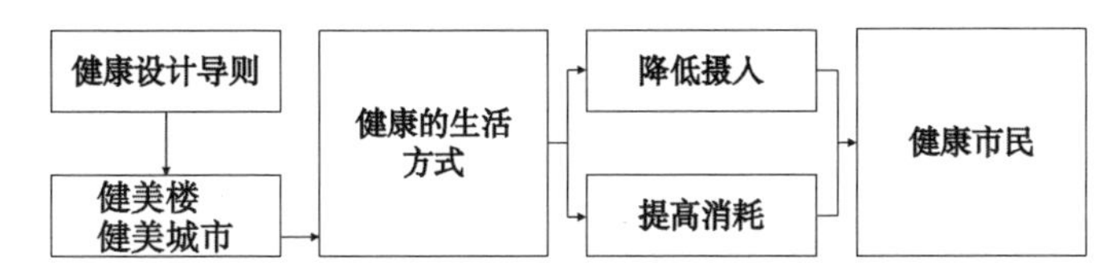

b 纽约城市公共健康空间设计导则所倡导的健康城市设计和建筑设计，通过培养市民健康的生活方式，降低摄入，提高消耗，减少市民患肥胖症的可能性。

图6-1 《纽约城市公共健康空间设计导则》提出的公共健康影响机制

活方式，增加市民日常锻炼的可能性，最终影响和促进市民健康使得纽约成为更适宜人居的健康城市（图6-2）。

《纽约城市公共健康空间设计导则》所推行的生活方式主要包括用运动娱乐代替电视和视频游戏；用步行和自行车、公共交通代替机动车出行；用爬楼梯代替乘电梯、自动扶梯；用健康的饮食代替不健康速食。要使得市民完成这一生活方式的改变，城市设计师和建筑师需要转变原有的以效率、经济为主导的设计思路，在满足无障碍设计的同时，尽可能以“健康设计”为导向，通过一系列的策略完成从“肥胖城市”到“健康城市”的革命（图6-3）。导则主要包括健康城市设计、健康建筑设计两个部分，每部分分为若干小节给出了可行的空间策略和案例分析，并在每部分的结尾提出了相关的评价体系（图6-4）。除城市设计和建筑设计方面的健康策略外，《纽约城市公共健康空间设计导则》还提示建筑师和城市设计师综合统筹健康设计与可持续发展及其他策略。导则指出，城市

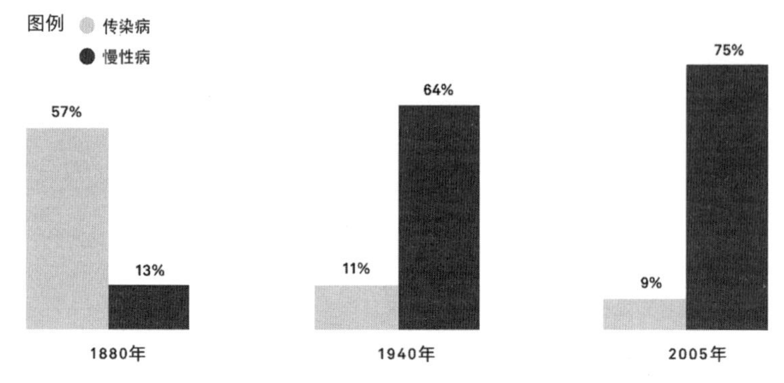

图6-2 纽约市因传染病和慢性病死亡的百分比变化（1880~2005年）
（资料来源：《2005年纽约市人口统计摘要》）

图6-3 《纽约城市公共健康空间设计导则》封面
（图片来源：《纽约城市公共健康空间设计导则》）

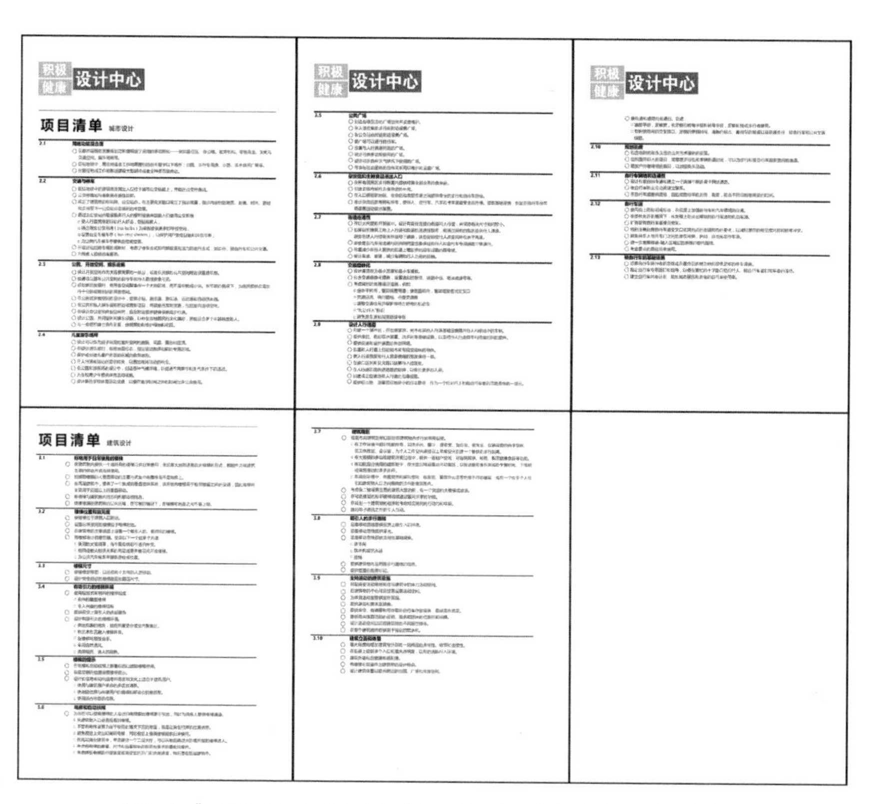

图6-4 《纽约城市公共健康空间设计导则》中“健康城市设计”评价体系
（图片来源：由《纽约城市公共健康空间设计导则》翻译）

公共健康空间设计与现有的节能设计及可持续发展理论并不相悖。导则认为，健康设计在建筑设计和城市设计中不是孤立存在的，也不能作为评价建成环境好坏的唯一因子。导则中也提出了如何将健康设计与绿色设计相结合。

二、健康城市设计导则

在城市设计层面，《纽约城市公共健康空间设计导则》提出了通过城市设计提升日常活动可能性的“5D原则”。“5D”包括：密度（Density）、多样性（Diversity）、设计（Design）、目的地可达性（Destination accessibility）和公共交通站点距离（Distance to transit）。具体而言，健康的城市设计包括几个主要策略。

增大城市用地的功能混合程度。多项研究表明，增大城市街区的功能混合程度，能够有效提高市民的日常锻炼时间和次数，降低肥胖症的可能性（图6-5）。例如，澳大利亚西澳大学人口健康学院学者加文·麦克马克（Giles McCormack）通过对 1340人的调查以及地理信息系统分析（GIS）印证了功能混合有利于日常锻炼的观点。导则中建议城市设计师尽量在某一地块的城市设计中混合住宅、办公、学校、零售商店、农副产品市场等城市功能。同时，尽可能使居住区与工作区的市民能够方便到达各类慢行步道和滨水空间，以培养市民日常锻炼的习惯。

增加公共交通可达性、改良停车场设计，同时增加开放空间的可达性（图6-6）。例如，在城市设计中将办公和居住建筑的入口尽量朝向公共交通站点；在设计停车场时，满足无障碍停车的条件下，尽可能在停车场的选址中考虑与公共交通线路和站点的接驳。又如，在大范围城市设计中设计步行和自行车线路，并使线路穿过广场、公园和其他康乐设施；在社区中尽量设置一个大型集中的公共开放空间，而不是多个零散的小面积的开放空间，并尽量使所有居民能够步行10分钟以内到达这个公共开放空间；在居民活动的开放空间内设置体育锻炼设施，如跑道、操场、饮水处等。

图例

- 一户&两户家庭的建筑
- 多户无电梯的建筑
- 多户有电梯的建筑
- 混合商业/住宅建筑
- 商业/办公建筑
- 工业/制造业
- 运输/公用事业单位
- 公共设施&机构
- 开放空间
- 停车设施
- 空地
- 其他或无数据

图6-5　纽约部分地区用地功能混合情况
（图片来源：NYC Department of City Planning）

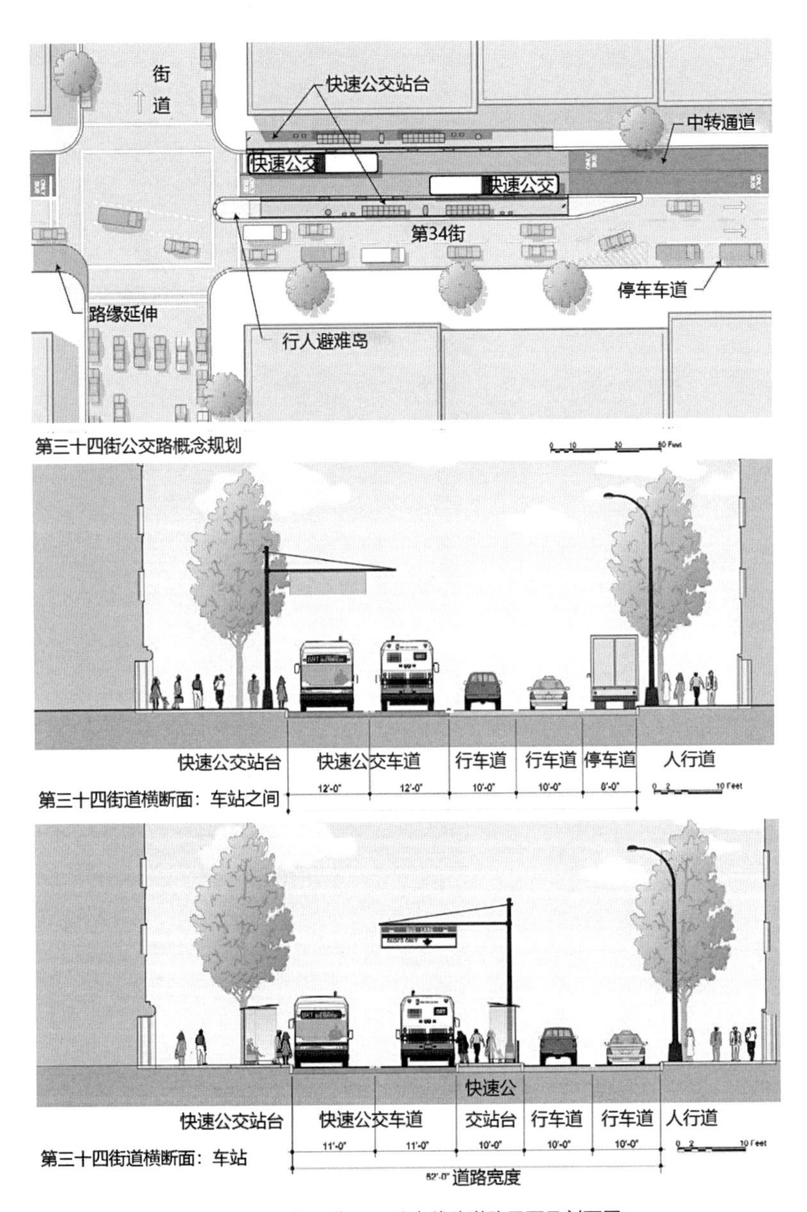

图6-6 纽约34街BRT公交线路道路平面及剖面图

（图片来源：纽约市规划局/NYC Department of City Planning）

设计适宜儿童健康活动的场所。例如，尽可能设计内院、花园、阳台、可上人屋顶等给儿童提供日常锻炼和娱乐的空间；在活动场地设置中设计清晰的标示系统，标明专业活动场地和多功能活动场地（图6-7）；在儿童的室外活动场地中保留或创造与自然接触的可能，同时设置室外照明，考虑昼夜、不同天气和季节的灵活使用；在学校里设计日常体育锻炼场地，并适当地将这些场地开放给社区使用。

保证食品健康，鼓励设置农副产品杂货市场。例如，在居住区和工作区周边步行范围内设置能够提供所有农副产品的杂货市场，并且提供畅通的新鲜农产品物流渠道，为市民提供新鲜健康的饮食（图6-8）；在人流量大的农副产品杂货市场和居住区间提供便捷安全的步行交通；巧妙安排农副产品杂货市场的总平面，合理设置卡车运货线路、市民步行线路、自行车线路和停车处。

设计适宜人行的街道。例如，尽量保持较小的街区尺度，设置

图6-7 布鲁克林区学习花园专为儿童设计了有标识的活动场所

（图片来源：http://mparchitectsnyc.com/index.php?p=mpa&flashid=1927/）

图6-8 曼哈顿联合广场上的绿色食品集市

（图片来源：Joel Metlen摄）

通畅的带有步行系统的街道；减少交通噪声，保证街道对行人友好，设计各类有助于减少交通噪声的设施，运用城市家具、树木和其他基础设施将人行道与机动车道分开；为行人和锻炼者提供休息处、饮水处和洗手间等基础设施；设计吸引市民步行的街道景观，在街道旁增加咖啡馆的数量以增加街道空间的活跃度；策划以人行为先导的活动，如在某些时段停止机动车通行，或者策划人行道慈善活动等。如纽约市曾在公园大道上开展的“夏日大道计划”（图6-9），即某些主干道在某些周末禁止机动车通过，而是只开放给行人和非机动车。

图6-9　纽约夏日大道计划
（图片来源：纽约市交通局/NYC Department of Transportation）

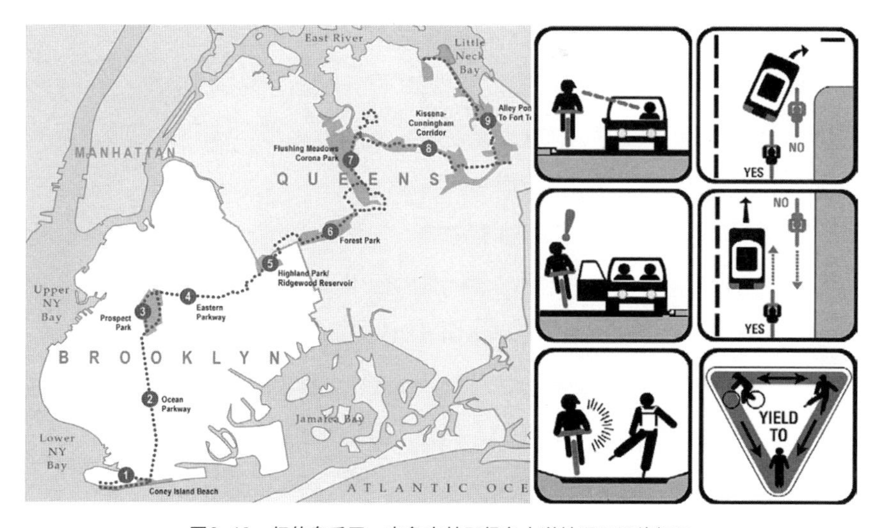

图6-10 纽约皇后区—布鲁克林区绿色大道地图及沿线标识
（图片来源：http://www.nycgovparks.org/facility/bicycling-and greenways/maps/）

鼓励使用自行车出行。例如，设计连续成网络的自行车系统，并且尽量使自行车网络与公共交通系统相连接；在城市街道两侧设置专用的自行车道，鼓励自行车作为通勤工具；建立为自行车服务的基础设施系统，如自行车租借、停放处等。如纽约皇后区至布鲁克林区的绿色大道，就是一条专门为自行车和步行设计的线路，该大道长约64km（图6-10），连接了13个公园和2座植物园以及多个博物馆，为市民的日常锻炼提供了有吸引力的场所。

三、健康建筑设计导则

在建筑设计层面，《纽约城市公共健康空间设计导则》旨在通过主动的建筑设计策略将爬楼梯、室内日常锻炼加入到普通市民每日的生活模式之中。市民每天90%的时间是在室内度过的，在工作场所的久坐和在住宅内长时间看电视的不健康生活方式直接导致了肥胖症和相关疾病的发生。具体而言，导则倡导的健康建筑设计包括几个主要策略。

通过楼梯和电梯的设计增加楼梯的日常使用例如设计可见、有吸引力而舒适的楼梯，而不只是把楼梯当作防火疏散的通道；在设计楼梯的朝向时，尽量保证楼梯的可见和便捷。在楼梯的设计中要注意楼梯间和梯段的美观和吸引力。例如，运用有创造力而有趣的内装修，选择令人舒适的色彩，在楼梯井中播放音乐，在楼梯间中加入艺术雕塑的元素。同时尽可能为行走在楼梯中的市民提供欣赏自然风景的机会，并通过自然通风和柔和的照明增加楼梯的吸引力。同时，通过标识系统鼓励市民将爬楼梯纳入日常锻炼活动中。例如，在楼梯中设计张贴励志标牌，标明爬完每层楼梯后累积消耗的卡路里数以鼓励市民运动（图6-11）[①]。将电梯和扶梯设置在主入口不能直视到的位置，不要在设计及照明方面突出电梯和扶梯。调整电梯的程序，限制电梯在某些时段的开停，尽量设置为隔层开停（图6-12、图6-13）。

合理设计建筑功能，增加室内日常活动。例如，通过建筑功能的分布鼓励市民从工作空间步行到共享空间，如邮件

① MCCORMACK G, GILES-CORTI B, BULSARA M. The relationship between destination proximity, destination mix and physical activity behaviors. Preventive Medicine. 2008; 46: 33-40.

图6-11 鼓励爬楼梯的励志标牌
（图片来源：纽约市健康和心理卫生局/NYC Department of Health and Mental Hygiene）

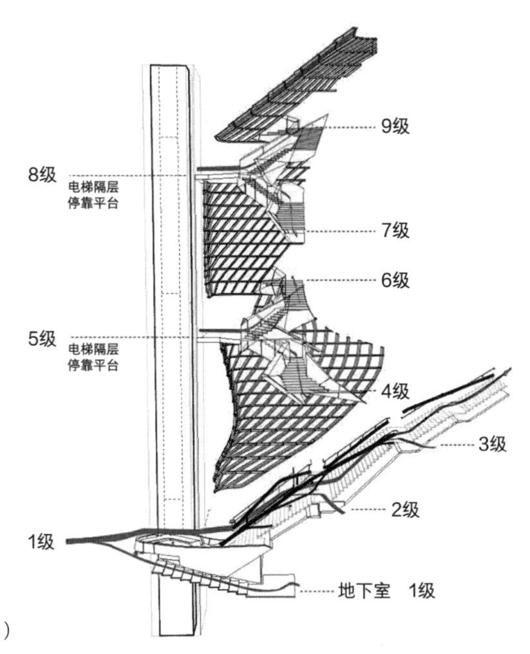

图6-12 Cooper Center中电梯隔层设置增加爬楼梯机会
（图片来源：盖尔·尼科尔及纽约市设计与建造局/Gayle Nicoll and NYC Department of Design and Construction）

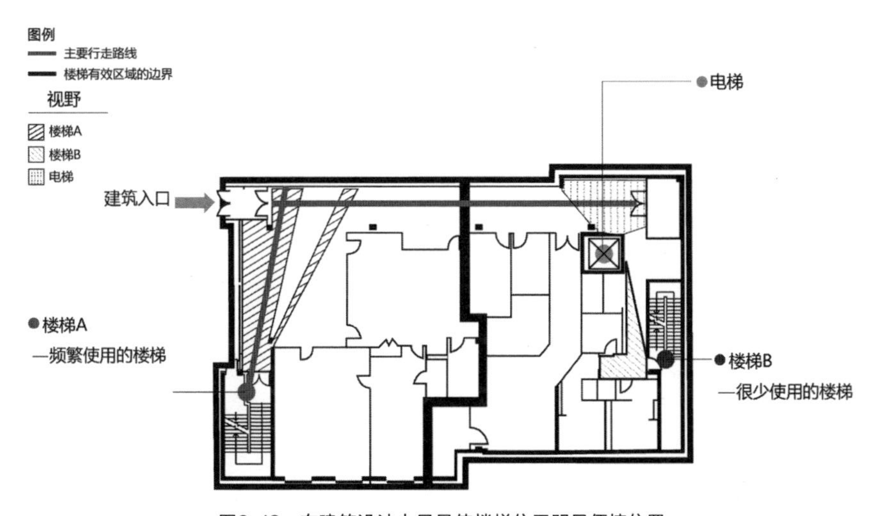

图6-13 在建筑设计中尽量使楼梯位于明显便捷位置
（图片来源：Morphosis: skipstop stair design for Cooper Center）

室、打印室和午餐室等。将大堂设置在二层，通过楼梯和坡道到达，或将某些相同相关的功能分别设置在两层，以增加步行距离（图6–14）。在建筑物内提供专门的行走锻炼路线，在路线上安排自然采光、饮水处和卫生间。设计一套标识系统标出整个行走路线的示意图、每段行走的公里数和消耗的卡路里数。

在建筑内设置专有活动空间。例如，在商业写字楼和住宅中设置专门的日常锻炼活动空间和相关设施，又如位于建筑内部或沿街立面的可见健身活动空间，并配套设计淋浴、更衣室、室内自行车租借处等。在专有活动空间设计中，尽量为参加室内日常锻炼的市民提供可供欣赏的自然景观。在专有活动空间中设计标识系统，介绍可提供的服务并给出锻炼设施的使用说明，同时设置展板鼓励市民自发组织日常锻炼小组。

图6–14　纽约时报办公大楼内将某些相同相关的功能分别设置在两层
（图片来源：Nic Lehoux摄）

图6-15 布鲁克林联合住宅，楼梯成为建筑元素
（图片来源：Bilyana Dimitrova摄）

图6-16 Via Verde混合收入住宅创设多种室外锻炼空间
（图片来源：https://grimshaw.global/zh/projects/via-verde-the-green-way/）

通过建筑外观设计刺激市民的日常锻炼。例如，尽可能优化建筑1～2层的界面，使得界面连续，内容丰富多样充满细节，以吸引市民步行。通过建筑外立面给街道提供适宜人行的环境，包括设置多个入口、门廊和雨棚等。巧妙地使坡道和楼梯成为提升建筑形象的元素（图6-15），通过建筑形体的设计提供与城市相接的小广场、屋顶花园、运动场地等公共空间（图6-16）。

四、对北京的影响与启示

《纽约城市公共健康空间设计导则》针对纽约现存的最大公共健康问题提出了城市物质空间层面的设计策略，明确了城市设计师和建筑师在城市公共健康领域的位置与责任。这一导则虽然是针对纽约而订立的，但对我国的大城市，尤其是首都北京的公共健康与城市建设问题同样具有启示意义。

第一点启示在于这一导则发现和应对的健康问题。在我国，公共健康问题尤其是与建成环境相关的健康问题日益严重。北京所面对的公共健康问题与纽约有相似也有所不同，但已经成为影响北京城市宜居的主要因素之一。与纽约一样，北京也面临着市民不健康的生活方式带来的公共健康问题。北京市卫生局的统计结果表明，在2012年北京市民前十位死因疾病中，心脏病和脑血管病占到47.5%，这两项疾病都与缺乏日常锻炼的城市生活方式有关（图6-17）。可见市民缺乏锻炼导致相关疾病的问题在北京也不可忽视。《纽约城市公共健康空间设计导则》的提出给北京城市建设中相似的问题提供了重要的研究资料。同时，不可否认的是，北京的公共健康问题比纽约复杂得多。相比肥胖及其相关病症，北京的城市环境污染和恶化对市民健康造成了更严重的威胁。北京空气质量问题长期影响着市民健康，2012年末以来，PM2.5的超标给北京带来了持续的雾霾

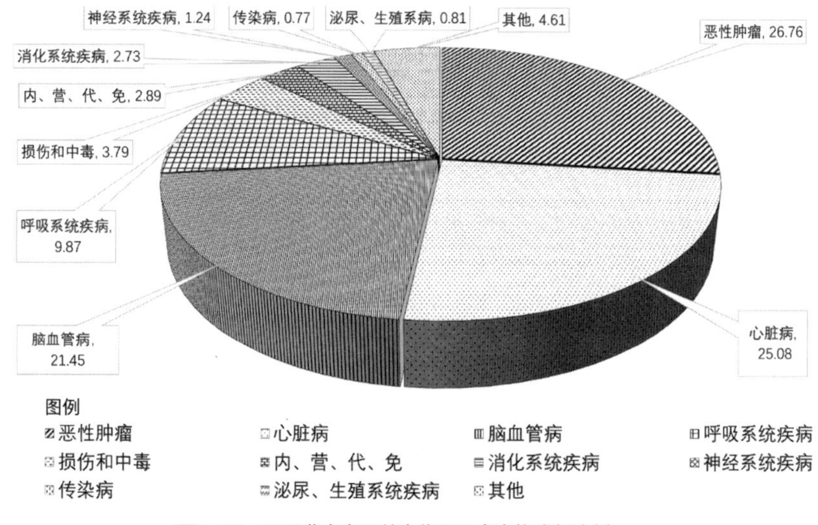

图6-17　2012北京市民前十位死因疾病构成与比例

（图片来源：北京市卫生局. 2012年北京市卫生事业发展统计公报）

图6-18　清华美术院学生用气球记录北京PM2.5数据举行“无色的明天”艺术展

图6-19　北京市民设计自行车“零霾空间”
（图片来源：http://news.xinhuanet.com/overseas/2013-03/28/c_124509720.htm）

天气（图6-18），导致了包括呼吸疾病在内的多项公共健康问题。正视建成环境对公共健康的影响，针对北京实际情况提出适宜的导则。例如，从城市环境改造和设计角度出发设置“零霾”空间，将是解决北京公共健康问题的重要方向（图6-19）。

第二点启示在于该导则制定和实施的主体。《纽约城市公共健康空间设计导则》由纽约市政府组织多部门、多学科共同制定，并且强调了城市设计师和建筑师的作用。在我国，建筑学甚至物质环境本身对市民健康的影响尚没有进入公共健康领域的视野。从20世纪90年代初开始，我国开启了创建“国家卫生城市”行动，其中的多项内容都是纽约在20世纪中期已经达到的标准。在北京市卫生局编制的《北京市十二五时期卫生事业发展改革规划》和卫生部发布的《“健康中国2020”战略研究报告》中都提到了建成环境对健康的影响，但健康城市设计和健康建筑设计还没有被纳入研究的范围。反之，除具体的医院设计、住宅相关健康策略外，整体建成环境的健康设计也没有进入城市规划和建筑设计相关部门和从业人员的视野。《纽约城市公共健康空间设计导则》的引入有助于思考、挖掘和研究北京的公共健康问题。重视城市物质空间对公共健康的影响，梳理相关学科前沿，促进多学科交叉和多部门合作可以帮助推进北京的健康城市建设，提高市民的健康水平。

第三点启示在于该导则针对当前城市空间和建筑空间的城市公共健康设计策略。虽然纽约与北京面临的公共健康问题有一定的差别，但通过建成环境的改良来改善市民生活方式这一核心理念在北京的城市建设中也是亟待解决的问题。由于健康设计理念的缺乏，北京目前的城市空间和建筑空间缺乏健康关怀。从城市设计层面来看，北京的城市空间尚缺乏混合使用，“睡城”“堵城”是北京城市空间混合使用程度低的极端案例。此外，公共开放空间可达性、人行空间品质、健康的饮食空间布局等也是北京城市设计健康关怀亟待提升的方面。从建筑设计层面看，目前北京多数办公建筑和居住建筑的楼梯间仅作为防火疏散，可达性差、阴暗偏僻甚至存在一定的安全隐患，难以成为有吸引力的日常锻炼场所。研究纽约该导则的相关内容，有选择地针对北京的建成环境问题提出适宜的设计策略，将极大地提升北京市民的健康生活品质。

《纽约城市公共健康空间设计导则》对当代北京城市建设有着重要的启示。通过对这一导则的解读，能够加强城市设计和建筑设计领域对“公共健康”的关注，正视和梳理北京的公共健康问题，促进多部门多学科合作研究，发挥建筑师和城市设计师的作用，并通过建成环境的设计和改造建设健康北京。同时，有选择地引入导则中相关健康设计策略，提升北京城市和建筑空间的健康品质，不仅对当代北京的城市建设具有参考价值，而且对解决我国其他城市的健康问题、完成“健康中国 2020”战略目标具有借鉴意义。

流行病视角下的健康街道设计评价体系：北京[1]

一、背景与议题：从整治“大城市病”到预防“大城市流行病”

城市空间与居民健康的关系是城市发展中永恒的话题。19世纪工业革命带来了城市的飞速发展，但同时，城市尤其是住宅区的极度拥挤和“脏乱差”的环境卫生也引起了霍乱、黄热病等一系列传染性疾病的暴发。这些公共卫生问题推动了一系列城市空间立法，催生了公共卫生管理部门、城市空间管理部门的出现，并成为现代城市规划学科的起源。

而从20世纪80年代开始，“慢性疾病”逐渐代替了传染病，成为人类疾病谱中的主要流行病。随着北京、纽约这类大城市空间出现了种种“大城市病”，空间规划设计的问题可能通过影响居民心理、生活方式甚至直接产生致病原等多种途径导致居民患病。在这一背景下，公共卫生领域开始从预防的角度，关注城市空间与人类疾病的关系，城市管理领域也开始反思大规模城镇化导致的种种“大城市流行病”问题。

“大城市流行病”分为三类，包括“肥胖等营养代谢疾病”“抑郁等精神心理疾病”“过敏和呼吸系统疾病”。经过近几十

① 原载于《建筑技艺》2019年第12期63-69页《流行病视角下的健康街道设计评价体系初探——以北京城区为例》，作者：李煜，陶锦耀，潘奕.

年的发展，北京已经逐渐通过完善城市基础设施、提升城市清洁卫生程度、制定建筑日照通风相关规范等方式，从城市空间的角度为大部分传染性疾病的大面积传播提供了空间上的预防措施。然而和全球大多数国家一样，“慢性非传染性疾病”在我国也已经超越传染性疾病成为居民健康的最大杀手。2016年发布进行的全国第三次死因调查中显示，慢性非传染性疾病导致的死亡已经达到我国居民总患病死亡数的82.4%[①]。

同时，近年来北京“大城市流行病”所引起的种种问题，严重影响了首都居民的日常生活方式、心理健康状态和生活理化环境。以肥胖症为例，针对北京的易肥胖行为研究表明，依赖私家车的出行方式已经成为导致北京居民肥胖的重要原因[②]。城市居民的心理问题也必须引起注意，例如北京地区大学生患抑郁症比例早已高达23.66%；过敏、哮喘及其他慢性呼吸疾病则更是刻不容缓的疾控问题。《北京城市总体规划（2016年—2035年）》中，除了再次强调北京旧城的城市空间保护外，也首次将“加强城市设计”纳入了规划文本中，体现了对城市空间品质提升的重视[③]。

就国外情况而言，欧美城市的“健康城市设计”理论研究主要聚焦几个方面：

1. “城市空间—慢性疾病”关系基础理论研究。包括城市规划导致空气污染、社区规划导致水污染和各类毒物等环境健康问题的方向。代表著作有霍华德·弗鲁姆金等出版的《城市无序扩张与公共卫生》[④]等，

① 中国疾病预防控制中心. 中国慢性病及其危险因素监测报告[M]. 北京：军事医学科学出版社，2009.

② 陈绮文. 北京市城区成年超重、肥胖人群肥胖相关行为因素分析[D]. 北京：北京体育大学，2006.

③ 北京市人民政府. 北京城市总体规划（2016年—2035年）[Z]. 2017.

④ FRUMKIN H, FRANK L, JACKSON R J. Urban sprawl and public health: designing, planning, and building for healthy communities[M]. Washington DC: Island Press, 2004.

关注城市规划的用地功能混合度低等引发慢性疾病的问题；2011年安德鲁·丹嫩伯格等出版的《创造健康空间：为了健康、宜居和可持续的设计和建设》[①]成了这一领域的权威著作，其中专门讨论了不同的建筑材料可能造成的疾病和健康威胁。

2．“大城市流行病”筛查相关研究。1997年，迪克·孟席斯和让·波鲍从室内空气质量的角度提出了“建筑相关疾病”的概念[②]；2007年，英国学者马拉饶等从生理健康、心理健康和社会健康3个方向总结了与城市建筑空间相关的若干疾病、不适和健康威胁因素，较为系统地归纳了当前公共卫生研究中发现的“大城市流行病”。

3．健康影响评估（HIA）及防病设计因子定量方法研究。三类大城市流行病所对应的易致病空间因素和防病设计因子由一系列指数评定。已有成果包括“健康影响评估”（HIA）、“用地功能混合度”、“步行指数”、“公共交通密度”“城市食景分布”（Foodscape）、“社区心理刺激源”“奥格伦植物过敏指数”（OPALS）等。

同时，纽约、波士顿、伦敦等大城市已经出台了一系列针对“大城市流行病”的城市设计策略和城市治理办法。

首先是针对城市空间导致相关流行病问题的健康影响评估，代表性案例如《亚特兰大公园链项目健康影响评估》[③]。

其次是一些城市出台了针对“大城市流行病”的城市设计专项导则，如《纽约城市公共健康空间设计导则》。这些评估方

① DANNENBERG A L, FRUMKIN H, JACKSON R J. Making healthy places: designing and building for health, wellbeing, and sustainability[J]. Berkeley Planning Journal, 2012, 25.

② MENZIES D, BOURBEAU J. Building-related illnesses[J]. New England Journal of Medicine, 1994, 94(2 Pt 2): 351.

③ CQGRD. Atlanta Beltline health impact assessment[EB/OL]. Atlanta: Center for Quality Growth and Regional Development. http://www.pewtrusts.org/~/media/Assets/2012/03/01/Atlanta Beltline.pdf?la=en, 2007.

法和导则对于北京的类似问题有很强的借鉴意义[①]。

① 李煜，朱文一. 纽约城市公共健康空间设计导则及其对北京的启示[J]. 世界建筑，2013（9）.

二、理论与方法：6步健康影响评估（HIA）框架与评价体系构建

（一）研究方法：6步健康影响评估（HIA）

本研究的调研方法参考“健康影响评估”（HIA）的基础思路，包括6个研究步骤：

1. 搭建理论框架。整合已有理论研究基础，聚焦三种“大城市流行病”与患者生活方式、居住工作活动的城市社区空间的关系，广泛研查本交叉领域国内外文献资料，通过文献分析初步摸清城市空间与疾病的病因学联系。

2. 收集筛查数据。通过公开数据了解北京的肥胖症、心理疾病和呼吸系统疾病发病情况。同时对比《纽约城市公共健康空间设计导则》（后文简称《纽约导则》）中的“项目清单”，定性初步判断北京旧城城市空间存在的相关问题。

3. 界定量化范围。在理论研究基础上得出相关致病生活方式，选取北京一些街区进行“是否易致病”的评判，界定出下一步实地调查研究的范围。

4. 表格量化分析。比对上一步得出的初步结论，根据《纽约导则》中的调研表格，修改得出针对北京旧城的调研表和项目清单，量化研究旧城社区设计和街道设计导致流行病的各项空间因素指标。

5. 建立评价体系。在表格和调研的基础上，结合已有理论得出当代北京城市空间和街道空间设计中，不利于居民健康和容易引起“大城市流行病”的易致病空间因素，得出适合北京的设计评价因素并探索量化评分标准。

6. 提出建议报告。根据本次调研的实证结论，针对北京旧城提出适宜的防病设计策略建议，为政策制定、学术研究、设计决策和居民生活提供参考（图7–1）。

（二）评价体系：适合北京城区的“健康街道调研表”

《纽约导则》提出了针对纽约市社区和街道的一套调研方法，包括“健康社区—健康街道—空间界面—城市家具”等一系列要素。研究团队曾直接使用《纽约导则》调研表格进行了数次街道调研，发现纽约与北京旧城的街道尺度、市政道路规划法律法规、建筑退线要求等有诸多不同之处，这让原调研表格的许多条目显得意义不明或无法填写，调研内容显得水土不服，得到的数据结果不足以用于对北京旧城街道做出客观而系统的评判结论。

因此，研究团队根据北京旧城的特点，跳脱《纽约导则》内的一些调研条款与项目内容，特别制作了《北京旧城街道健康设计调研表》（以下简称《调研表》）（图7–2）与《北京旧城街道调研项目清单》（以下简称《项目清单》）（图7–3），并根据此表格对选定范围的街道再次进行调研[①]。

《调研表》包含8张表格，具体如下。

1. 街区环境调查表。表征相关街区的整体情况，包括位置、用地规划混合程度、意象地图等。

① LEE KK, et al. Active design guidelines: promoting physical activity and health in design[C]. New York: Active Living Research Annual Conference, 2011.

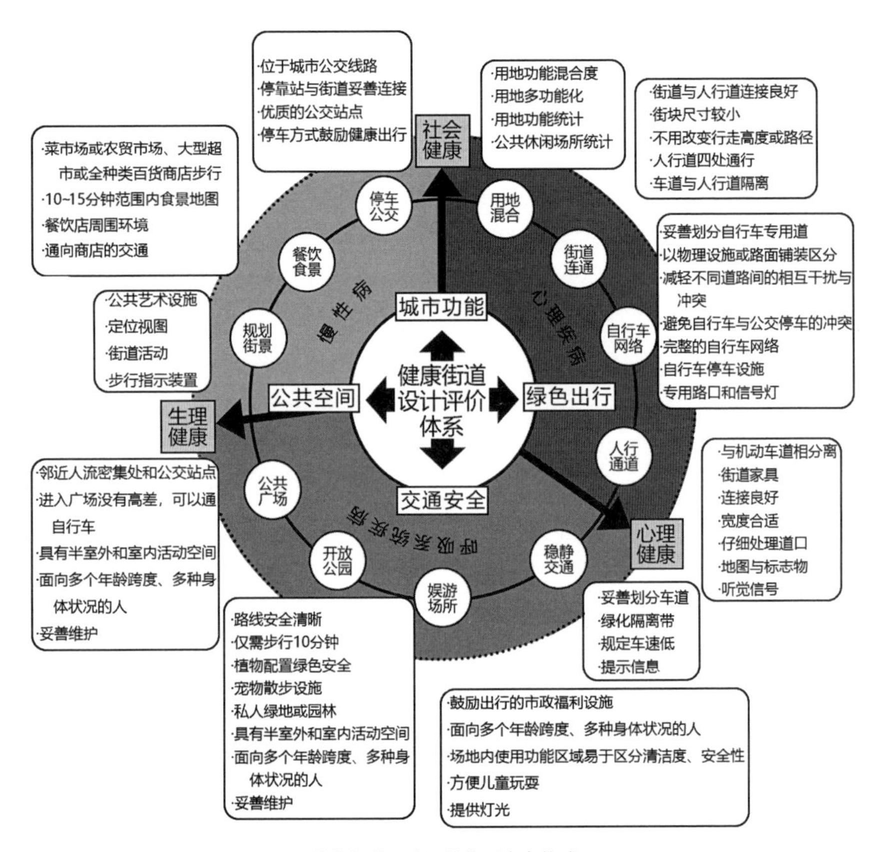

图7-1　健康街道设计评价体系内容构成

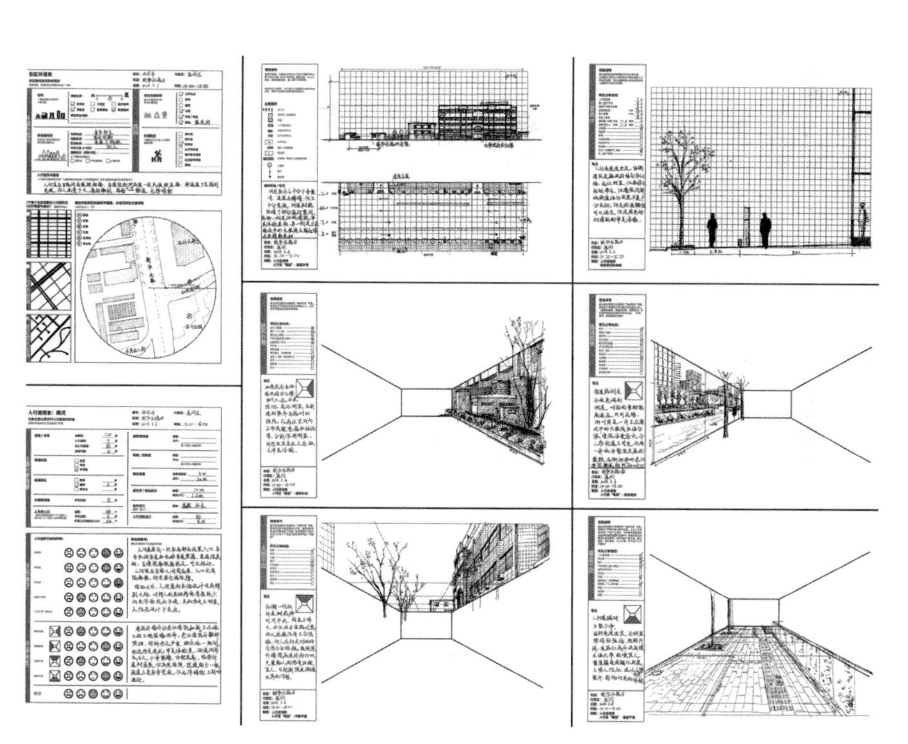

图7-2　北京旧城街道健康设计调研表
（图片来源：作者改绘）

街道调研项目清单

健康城市设计
道路辐射 10-15 分钟步行距离范围内的城市光景

街道名称： 通惠北路
街道起点经度： 116°38′12″ **街道起点纬度：** 39°55′14″
街道终点经度： 116°38′14″ **街道终点纬度：** 39°54′46″

01. 用地功能混合度（满分+8分）

- ☑ 目标地块内，用地功能多功能化（+2分）
- ○ 目标地块中，包括但不限于以下功能：（少于两项+0分，两项计+1分，每增加一项+0.2分，最多+3分）
  - ☑ 居住区　☐ 办公楼
  - ☐ 教育机构　☑ 零售商业餐饮
  - ☐ 艺术文化设施　☑ 娱乐场所
  - ☐ 医疗机构　☐ 政府机构
  - ☐ 其他：
- ○ 目标地块中，包括但不限于以下公共休闲场所：（少于两项+0分，两项计+1分，每增加一项+0.2分，最多+3分）
  - ☐ 公园　☑ 步行专用道
  - ☐ 绿荫小路　☐ 休闲广场
  - ☐ 水景或戏水设施　☐ 户外餐饮
  - ☐ 其他：

02. 公共广场（满分+8分）

- ○ 开放的公共广场临近人流密集的可步行道路（5 分钟步行路程范围内）。（+1分）
- ○ 广场邻近公交站点（2 分钟步行路程范围内）。（+1分）
- ○ 广场可以通行自行车。（+1分）
- ○ 从人行通道进入广场没有高差，不需要改变行人行走的水平高度。（+1分）
- ○ 广场有足够的空间，既可以协助私人密谈，也可以鼓励多人讨论交流。（+1分）
- ○ 有一些半室外或室内活动空间，使广场可在各种天气状况下使用。（+1分）
- ○ 广场能迎合多个年龄跨度和多种健康状况、身体状况的人。（+1分）
- ○ 有组织或机构或社会团体在维护和运营广场。（+1分）

03. 开放公园（满分+8分）

- ○ 通往公园和公共空间的自行车和行人路线安全可见。（+1分）
- ○ 居民仅需步行 10 分钟即能到达开放公园。（+1分）
- ○ 公园的植物配置可以保证一年四季都有绿色景观。（+1分）
- ○ 公园的植物配置考虑了过敏和哮喘疾病患者。（+1分）
- ○ 公园有宠物散步的专用场地，或为宠物外出提供便利的辅助设施。（+1分）
- ○ 有私人绿地或私人园林，未经允许不得进入。（-1分）
- ○ 有一些半室外或室内活动空间，使公园可在各种天气状况下使用。（+1分）
- ○ 公园能迎合多个年龄跨度和多种健康状况、身体状况的人。（+1分）
- ○ 有组织、团体或个人赞助和维护公共绿地与花园。（+1分）

04. 娱乐设施和儿童游乐场所（满分+12分）

- ○ 在公园或开放空间的设计中，包括但不限于以下可以鼓励市民出行的市政福利设施：（少于两项+0分，两项计+1分，每增加一项+0.2分，最多+2分）
  - ☐ 健身设施　☐ 跑步道
  - ☐ 游乐场　☐ 运动场
  - ☐ 自动饮水器　☐ 公共厕所
  - ☐ 其他：
- ☑ 办公室和商业空间等附近具有健身设施或步行道。（+1分）

- ○ 公园、开阔空间和娱乐设施，能迎合
- ○ 有鼓励人们驻足停留的设施，如座椅
- ○ 有保持清洁、数量足够的垃圾桶。
- ○ 具有适合孩子玩耍的室外空间的庭院
- ○ 在游乐场中有经过设计的地面标志，
- ○ 户外活动区域的地形带有适于活动的
- ○ 提供灯光，以增加夜间活动的机会。
- ○ 目标地块范围内有学校，其休育活动
- ○ 视线隐蔽处含有提供公共安全保障的

05. 百货商店与餐饮（满分+8分）

- ☑ 目标地块内具有菜市场或农贸市场。
- ☑ 目标地块内具有大型超市或者全种类
- ☑ 在所有居民区步行 10-15 分钟距离内
- ☑ 在所有居民区步行 10-15 分钟距离内
- ○ 餐饮店周围公共环境维护良好。（+
- ○ 在人口稠密的地区、食杂店和农贸市
- ○ 商店或者市场的布局和停车可以使得
- ○ 提供基础设施，例如自行车停车场。

06. 交通与停车（满分+10分）

- ☑ 目标地块位于城市公交线路上，并且
- ☑ 公交停靠站与各街道连通性良好。
- ☑ 规范的标识牌、公交站点地图等，且
- ○ 通过为公交站点增设服务行人的便利
  项每增加一项+0.5分，做多+5分）
  - ☐ 使人行道宽得足以让行人舒适，
  - ☐ 通过增加公交港湾为乘客提供更
  - ☑ 设置公交车候车亭，以保护用户
  - ☑ 为公共汽车候车亭提供座位或位
  - ☐ 其他：
- ○ 目标地块的停车方式有助于鼓励更
- ○ 可以为残疾人提供停车服务。（+1

07. 街道连通性（满分+6分）

- ☑ 街道和人行道有良好的连接。（+1
- ○ 街块尺寸相对较小。（+1分）
- ○ 如果目前场地内有正在施工的建筑
  供临时行人通道的措施。（+1分）
- ☑ 没有人行过街天桥及地下通道等会
- ○ 即使是在汽车无法通行的死胡同里
- ☑ 有设计车道、坡道等减少车辆和行

08. 交通稳静化（满分+11分）

- ○ 调研道路为单车道、单行道或双向
- ☑ 包含交通稳静化措施，设置诸如控
- ○ 具有绿化隔离带，包括路中隔离带
- ○ 道路规定车速低于 30km/h。（+1
- ☑ 位于车流前方的道路出入口处有明
- ○ 具有其他的物理设计措施，例如：
  - ☐ 使水平转向，譬如调整弯道；使
  - ☑ 调整交通信号并保护等待左转

图7-3　北京旧城街道健康设计调研项目清单
（图片来源：作者改绘）

。（+1分）

项。（+1分）
专用区域。（+1分）
）

外的时间允许公众使用。（+1分）
警装置。（+1分）

）
分）
分）

步行和自行车路线。（+1分）
和卡车装载安全而方便。（+1分）

靠站。（一个公交站+0.5分，多于一个公交站则+1分）

）
用公交系统的措施：（表单内提出每项+1分，其他

如步行、骑自行车和公共交通。（+1分）

街道的连通性较差，为此采取了通过现有的街区提

水平高度的过街措施。（+1分）
用道路可供通行。（+1分）
（+1分）

减速带等。（+1分）
分）

（+1分）
，其他项每增加一项+0.5分，做多+6分）
各式交叉口

☐ “礼让行人”标识
☐ “禁止鸣笛”标识
☐ 潮汐车道
☐ 其他：

09. 自行车道网络及其基础设施（满分+11分）

○ 有自行车专用道，甚至是双向自行车道。（+1分）
○ 街上的标记或标志可以在视觉上加强自行车和汽车领域的分离。（+1分）
○ 从物理上划分出单独的自行车道和机动车道的设施，比如绿化隔离带。（+1分）
○ 特别注意处理自行车道交叉口和其他点的街道形态的变化，可以减轻潜在的能见度问题和转弯冲突。（+1分）
○ 有避免骑车人与开车门之间的潜在冲突的措施，例如适当的拓宽停车道。（+1分）
○ 自行车道具有一个连续不断的骨干网络通路。（+1分）
○ 使自行车和公交不相互冲突。（+1分）
○ 有市政公共自行车的停靠点。（+1分）
○ 有足够的自行车停车空间和设施。（+1分）
○ 有自行车专用路口和信号，以便在繁忙的十字路口组织行人、骑自行车者和驾车者的活动。（+1分）
○ 对共享单车有一定的应对和管理。（+1分）

10. 人行通道（满分+14分）

○ 与机动车道间有缓冲区，用街道家具、树木和其他人行道基础设施隔开行人和移动中的车辆。（+1分）
○ 包括但不限于以下可以支持行人行走频率和持续时间的提升的基础设施：（少于两项+0分，两项计+1分，每增加一项+0.2分，最多+2分）

☑ 座位	☐ 自动饮水装置
☐ 零售	☐ 公共厕所
☐ 其他：	

○ 人行道与人行道、车行道之间有良好连接。（+1分）
○ 提供街道和室外道路的外部照明。（+1分）
○ 人行道宽度符合调研地块行人需要使用的宽度。（+1分）
○ 在道口区间和交叉路口行人过路处有所延展。（+1分）
○ 街道和人行道上包括树木以及其他有视觉趣味的物体。（+1分）
○ 有地图、标志物等，便于行人推测目标地块中的行走路径。（+1分）
○ 包括但不限于以下使街道和道路处处通行的措施（表单内提出每项+1分，其他项每增加一项+0.5分，做多+5分）

☐ 道路平坦，足够宽，有足够的转弯半径和转弯半径，足够轮椅或步行者使用。
☑ 有听觉信号的交叉路口
☐ 足够的穿越时间
☑ 清晰的标志、看得见的坡道以及联通步行、骑自行车和公共交通线路。
☐ 其他：

11. 规划街景（满分+4分）

○ 包含临时的和永久性的公共艺术设施。（+0.5分）
○ 创建可定位道路和人行道的有趣视图。（+0.5分）
○ 组织面向行人的活动项目，如慈善步行街和封闭车辆街道，可以为步行和骑自行车提供宽阔的通道。（+0.5分）
○ 增加临街商铺的种类和数目，以加强街头活动。（+0.5分）
○ 在主要交叉路口有指示装置，指示内容包括但不限于以下项：（少于两项+0分，两项计+1分，每增加一项+0.2分，最多+2分）

☐ 地图	☐ 距离
☐ 时间	☐ 路径
☐ 步行至下一目标会消耗的卡路里	☑ 标志性建筑物和开放场所
☐ 其他：	

总计： 30.2分 /100分
评级： F

（X≥90分为S级，90＞X≥80分为A级，80＞X≥60分为B级，60＞X≥35分为C级，X＜35为F级）

2. 人行道概况调查表。调研和评价街道人行道的各项元素以及步行体验的整体和局部评价。

3. 全长街道调查表。测绘街区内整条主要街道情况，包含街道立面图和平面图等。

4. 临街建筑剖面调查表。调研测绘或推测临街建筑的结构，梳理建筑室内水平面与街道水平面的关系。

5. 街道四界面调查表（4张）。详细调研街道的建筑界面、临街界面、天空界面和地表界面4个主要界面的元素，并详细描绘4个界面的透视图纸。

结合建筑学学科和城市设计行业的特色，每张表格不仅包括“描述数据部分”用以调研相关元素和收集数据，还包括“徒手绘制部分”绘制相关的意象图纸和测绘图纸。由于调研项目从调研者的实际步行体验出发，该调研表格中的计量单位统一为“步”（每步单位长度相当于600±60mm）。

《项目清单》包含“11大类、82条目、满分100分”的关于城市街道设计的调研内容暨评分项；涉及的内容以用地功能、交通、街道评判3个方面为基础，延伸出各自的详细条目，并为其赋分值试作评分标准，用以量化调研成果，从而分析调研目标的现状。其条目的适用调研范围是以《调研表》所选街道为起点，步行10～15分钟距离范围内所涉及的城市街块；主要为“是否”的判断性条目，即符合描述的项目按赋值计分，反之不计分；此外还包含一些“其他”拓展项，使调研人员可以根据现场状况灵活加分，但有加分上限控制。清单条目主要如下。

用地功能混合度，满分8分。主要记述目标地块功能构成的混合度与复杂度。

公共广场，满分9分。围绕目标地块中可能存在的公共广场进行客观描述，除第六条“广场有足够的空间，既可以协助私人密谈，也可以鼓励多人讨论交流”需要调研者主观判断之外，其余均是基于客观事实的调查项。

开放公园，满分8分。围绕目标地块中可能存在的开放公园进行客观描述，其中描述公园植物种类配置的条目需要在调研之前事先培训对特定植物的辨别。

娱乐设施和儿童游乐场所，满分13分。实质为对目标地块中的市政设施、街道家具等现状进行客观描述，但调研者在评判时应严格考量调研目标是否适合儿童游乐。

百货商店与餐饮，满分8分。记述目标地块内的商业功能及其交通构成，偏重于餐饮与日用百货类。

交通与停车，满分10分。记述目标地块内的市政公交系统，除第五条“目标地块的停车方式有助于鼓励更有活力的出行方式，如步行、骑自行车和公共交通”需要调研者主观判断之外，其余均是基于客观事实的调查项。

街道连通性，满分6分。客观描述目标地块内行人与道路的联系与隔离，其中第三条“如果目前场地内有正在施工的建筑工地，导致人行道和街道的连通性较差，为此采取了通过现有的街区提供临时行人通道的措施”实质上是对市政施工作业流程的考察。

交通稳静化，满分12分。客观描述目标地块内车行道路的构成状况。

自行车道网络及其基础设施，满分11分。客观描述目标地块内自行车道路及相关设施的构成状况，其中第十一条“对共享单车有一定的应对和管理”实质上是对市政管理措施的考察。

人行通道，满分11分。客观描述目标地块内人行道路及相关设施的构成状况。

规划街景，满分为4分。主要为可能存在的加分项。

三、调研对象与成果分析：北京城区社区及街道健康设计问题及建议

（一）调研对象：4个区域、77条街道

本次调研共选取了北京市4个典型区域，即西直门地区、鼓楼地区、前门地区、通州旧城区。在每个区域内截取100m×100m的街块进行有针对性的调研测绘与评分，深入研究范围内的健康设计问题，共计77条典型街道（表7-1，图7-4），在现场调研完成后绘制了77套《调研表》，对照《项目清单》勾选评分项，计算目标地块得分并进行评级。

此外，选取城市设计成功案例巴特雷公园与本次调研典型区域进行横向对比。巴特雷公园位于美国纽约市曼哈顿岛下城区，本调研以其中的街道Rector PI为例进行对比分析。

（二）成果分析

在对北京各个社区和街道空间调研过程中，团队成员通过随机采访和少量入户采访的方式，尽可能调查并定性统计社区居民和在此工作的市民的日常生活方式和健康情况，列出各街道评分进行对

调研对象列表 表7-1

序号	名称	序号	名称	序号	名称	序号	名称
西直门地区							
1	高梁桥路斜街	2	小后仓胡同	3	文兴东街	4	宝产胡同
5	车公庄大街A	6	车公庄大街B	7	西四北八条	8	百万庄中里
9	锦什坊街	10	百万庄大街	11	北营房中街	12	月坛北街
13	西便门东街						
鼓楼地区							
14	鼓楼西大街	15	箭厂胡同A	16	箭厂胡同B	17	永康胡同
18	鼓楼大街	19	国子监街	20	北锣鼓巷	21	方家胡同
22	交道口北头条A	23	交道口北头条B	24	雨儿胡同	25	北新桥三条
26	交道口东大街	27	鼓楼东大街	28	地安门外大街	29	鸦儿胡同
30	后海南沿	31	菊儿胡同	32	北官房胡同	33	柳荫街
34	东四十三条	35	南锣鼓巷	36	荷花市场	37	府学胡同
38	前海西街	39	崔府夹道				
前门地区							
40	台基厂大街	41	香炉营头条	42	前门大街步行街	43	南新华街A
44	南新华街B	45	南新华街C	46	南新华街D	47	南新华街E
48	鲜鱼口街	49	大栅栏街	50	杨梅竹斜街	51	琉璃厂西街
52	琉璃厂东街	53	五道街				
通州旧城区							
54	永顺北街A	55	永顺北街B	56	滨河北路A	57	滨河北路B
58	永顺南街A	59	永顺南街B	60	永顺南街C	61	北大街
62	北关大道	63	新华北路A	64	新华北路B	65	新华西街
66	如意路	67	西海子西路	68	通惠北路A	69	通惠北路B
70	南大街	71	车站路	72	西大街	73	中仓路
74	吉祥路	75	新华南路	76	新华东街	77	回民胡同

图7-4 调研对象的地理位置分布图

比（图7-5）。可以看出，胡同类的街道由于其周边公共场所的缺失而难以得到高分，机动车道宽阔但周边功能完善的街道呈现出反直觉的高分结果。其中，通州旧城区相比其他3个区域显示出更为明显的分值分化。将相近分类进行合并统计之后，得到各街道的得分分布（图7-6），其中0分项已除去。

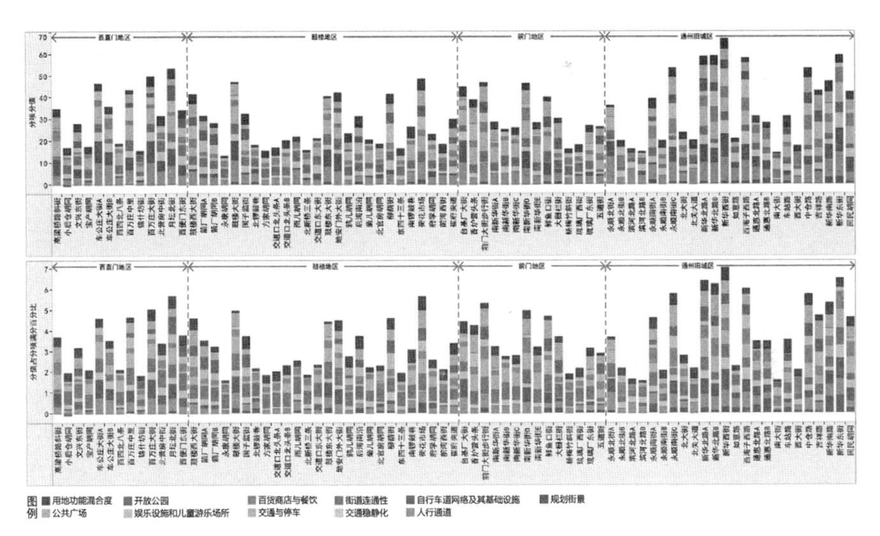

图7-5　77条道路调研评分的各项分值（上）、各项分值占其单项分值满分的百分比（下）

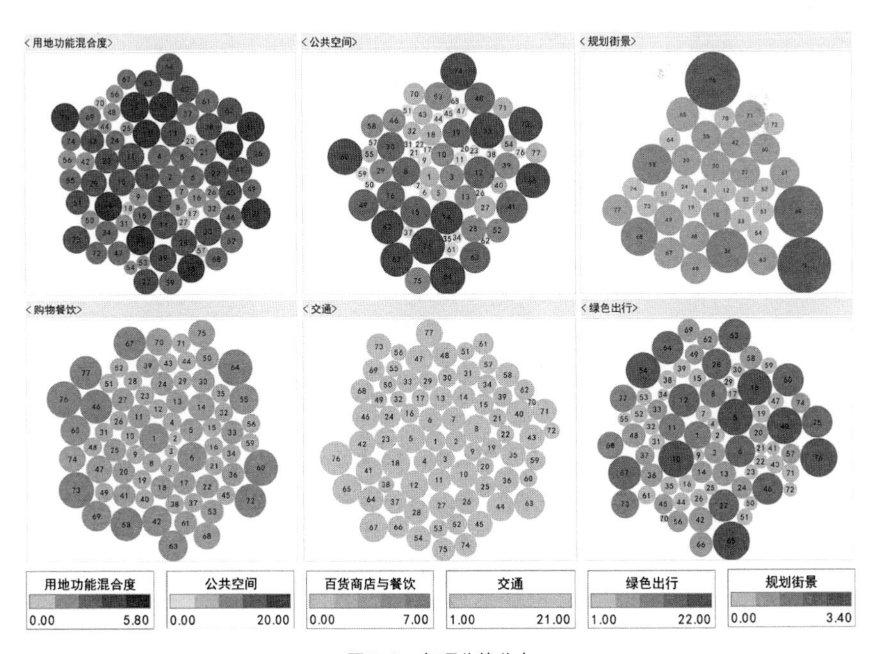

图7-6　各项分值分布

1. 居民健康生活方式问题

（1）汽车依赖的出行方式

步行是最天然的日常锻炼方式，尤其是与通勤和其他日常活动相关的步行行为，能够提供规律的日常运动、预防肥胖和相关三高等疾病。大部分北京旧城内社区的用地规划混合度相对低，停车方式与公交网络不足以鼓励居民绿色出行，步行与自行车出行条件不完善等都造成了居住区和工作区的分离和对私家车的依赖。在能量摄入相同甚至更多的情况下，私家车依赖的出行方式极大地增加了肥胖的可能性。

（2）室内媒体的娱乐方式

被调查的居民普遍反映，原本住地周边的公共活动空间就少，具有吸引力的空间更少。当下对电脑和手机的依赖使得日常娱乐方式由室外转向室内，这会从两个方向导致流行病的发生：一是传统的日常娱乐方式如遛弯、社交等迫使人们运动和消耗摄入的多余能量，而室内娱乐方式带来的运动量则低得多；二是传统的娱乐方式能通过运动后的兴奋和邻里社交需求的满足促进人的心理健康，而大部分室内媒体娱乐方式则大大降低了与他人交流的可能性，会带来孤独、寂寞等负面情绪，甚至导致抑郁。

（3）速食高热的饮食规律

饮食不健康无疑是导致肥胖和多种流行病的关键原因，除个体因素外，短时高热的饮食规律导致了流行病的大面积暴发。大部分被访者反映，城市饮食空间设置“不方便”与他们短时高热的饮食规律有直接联系。住地周边虽然基本上都有食杂店或餐饮店，但种类不齐全、交通道路情况不好等现状无法帮助居民健康饮食。

2．社区与街道空间设计问题

（1）用地功能混合度低

用地功能混合度低是导致市民不健康生活方式最重要的空间要素。城市用地功能规划是城市规划的核心，它决定着城市各个地块的位置、形状、尺度和功能。用地功能混合程度则是指城市用地规划中居住、办公、商业、绿地等不同用地功能在某一城市区块中水平向和垂直向的混合程度。用地混合程度的高低直接决定了市民的生活轨迹、出行方式、社交频次和饮食习惯。本次调研显示，大部分街区完全由一种或两种用地功能所填充，例如住宅区缺乏商业和办公，而商业区、办公区甚至公共广场与公园都远离集中的住宅区。在大部分2分钟步行圈中，仅包含一种城市功能，这与纽约等城市在平面和高度上都能做到各项城市功能混合的情况有较大差距（图7–7）。

（2）步行指数严重不足

"步行指数低"是影响市民日常锻炼进而导致不健康生活方式

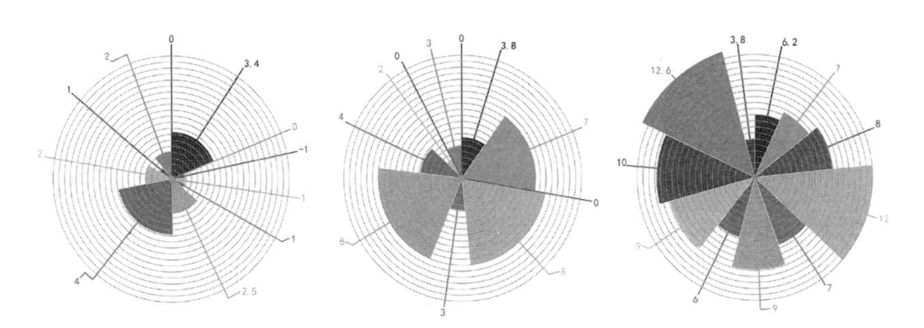

图7–7 小后仓胡同（2号道路）（左）、香炉营头条（41号道路）（中）与Rector Pl（美国纽约）（右）的单项评分对比

的另一个主要空间因素。市民从事“步行”这一日常锻炼不需要借助特殊器械或具有相关能力，并且很容易培养成每日重复的日常锻炼方式。因此在私家车大量普及前，步行曾经是大部分市民的日常锻炼活动。本次调研显示，城市街道的步行空间存在诸多问题，导致大部分受访者都表示步行绝对不是他们日常通勤的方式。同时，在3km左右的范围内，有大部分受访者选择了开车或其他交通方式。北京旧城的人行道空间不适宜步行的原因主要包括几个方面：1）人行道的通行性差。人行道过于狭窄，大部分的胡同空间内甚至并没有成形的人行道空间，而机动车、非机动车和各项街道家具完全挤占了步行空间，这与纽约等城市保证大量步行与骑行空间的状况相去甚远，同时在正常的街道旁，人行道也往往被不规则停车、自行车、未合理规划的树池等空间挤占。2）人行道的安全隐患。在77个街道中，有不少人行道与机动车道并不存在明显高差，甚至被机动车挤占，快递电动车等非机动车辆更是时常在人行道通行。3）步行体验较差。人行道缺乏步行吸引力，人行道旁的首层建筑往往并不具有公共功能，建筑界面也往往透明性低、内向性高，行人安全性低（图7–8～图7–10）。

（3）交往空间、自然接触缺乏

在社区规划与城市设计中，公共交往空间、景观植物的配置和与自然的接触对居民的心理健康有着积极的促进和恢复作用。乌尔里希（Ulrich RS）的研究最早证明了自然景观对于患者康复的有益作用，在这以后，公共卫生界关于自然景观帮助康复的研究有了更多突破，并在景观设计中出现了“康复景观”（Healing Garden）的相关研究和设计。反之，公共空间也会影响居民的社会交往频次和质量，而缺乏绿色自然接触则容易导致使用者心理

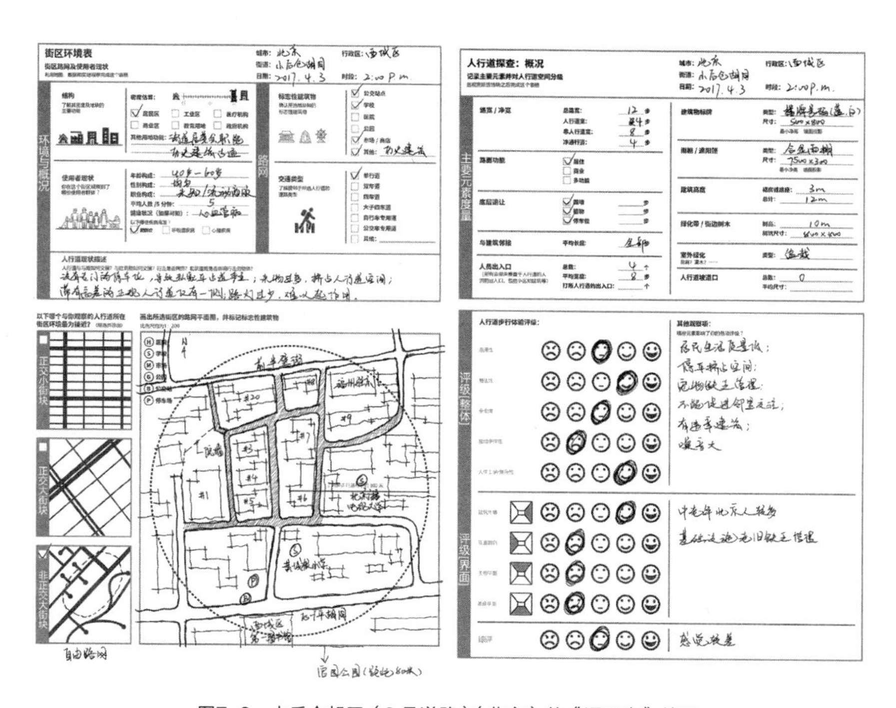

图7-8 小后仓胡同（2号道路）（北京）的《调研表》结果

疲劳、精神无法集中等问题。北京旧城与北京的其他外围城市空间相比，已经具有更优秀的公共空间和更多的公园绿化系统。然而，大部分在旧城中工作和生活的被访者却认为自己严重缺乏社会交往和与大自然的接触。根据实地调研，北京旧城的开放空间存在几个问题：1）公园和开放空间面积虽大，但免费且可达性高的社区级开放空间有待增加；2）绿地和公园的树种配置未考虑过敏和哮喘疾病患者，在树种选择中大量种植杨树等奥格伦植物过敏指数极高的“致敏植物”，在春天会产生大量杨絮和花粉等过敏源（图7-11）。

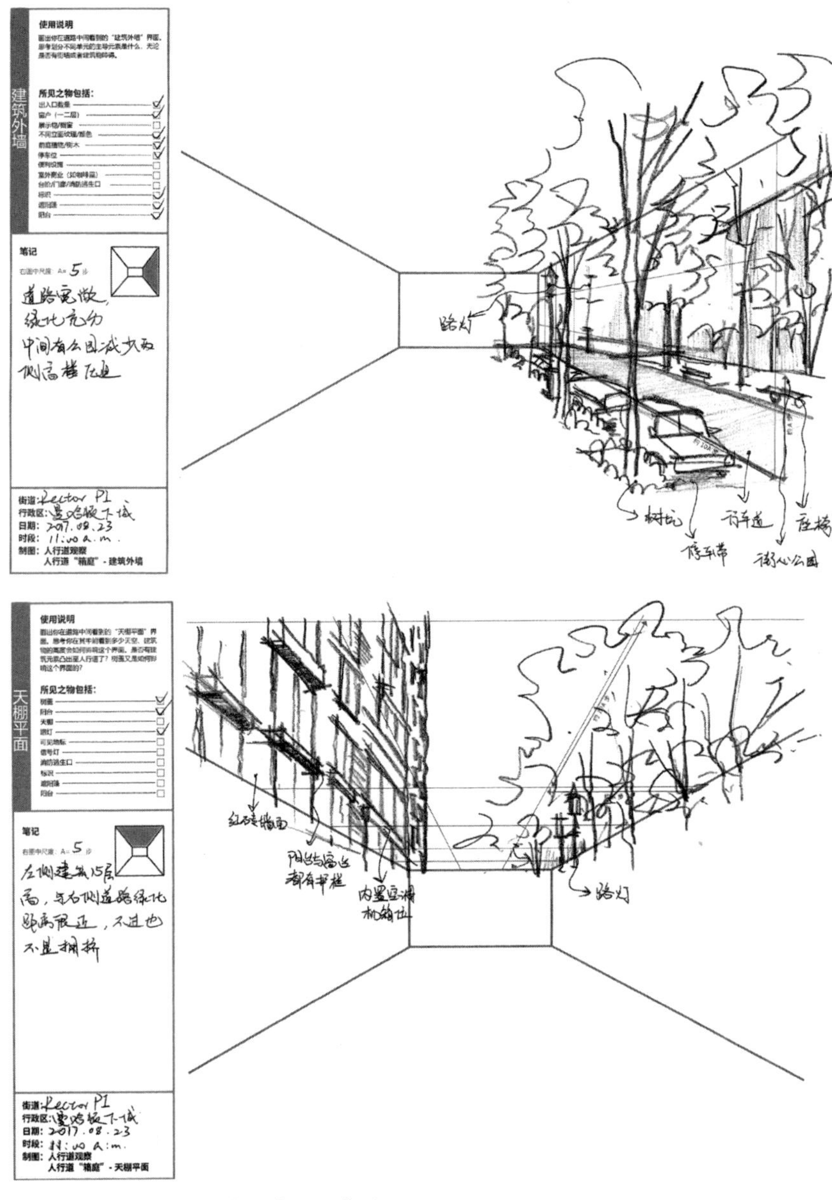

图7–9　Rector Pl（纽约）的《调研表》结果

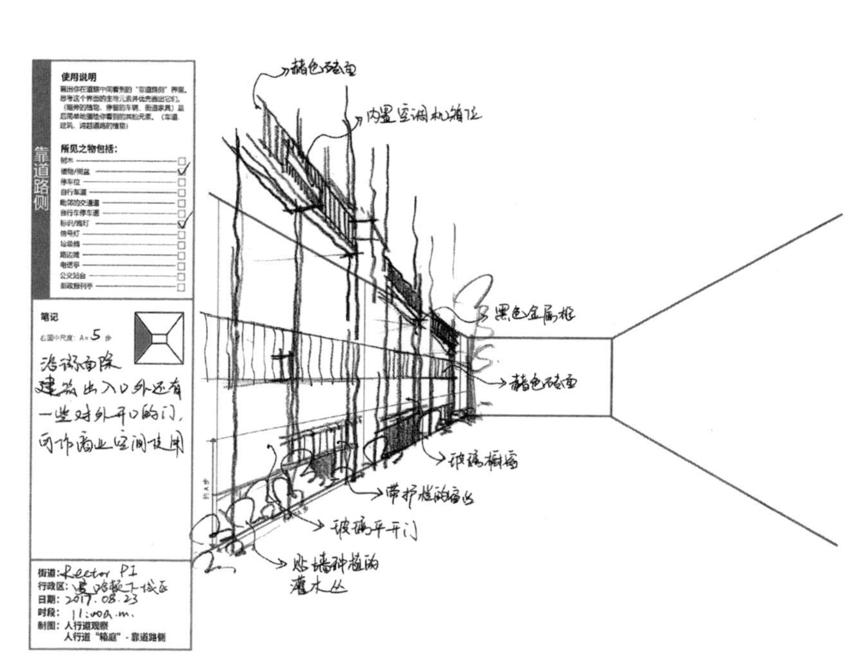

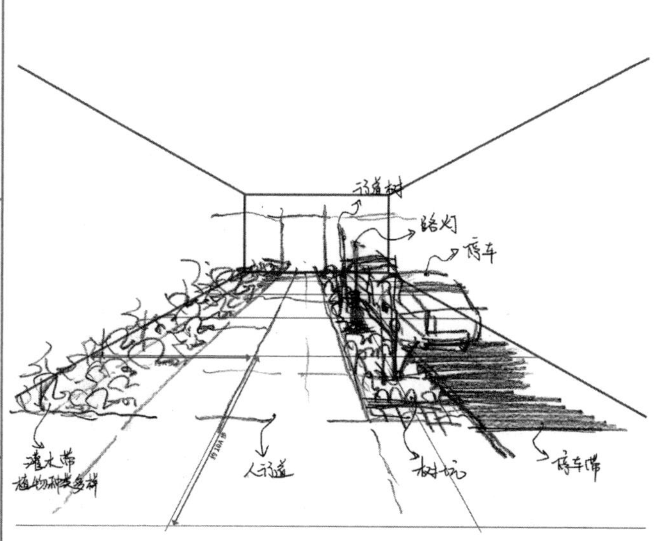

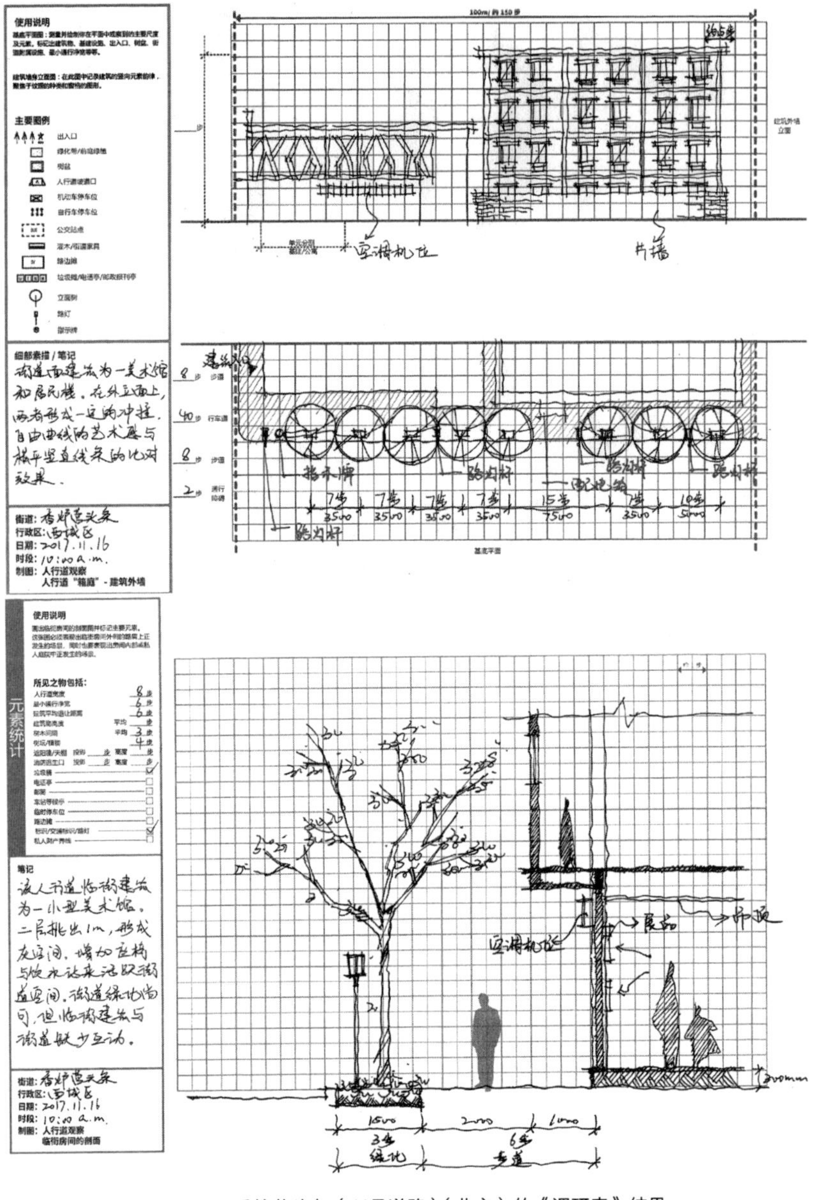

图7-10　香炉营头条（41号道路）（北京）的《调研表》结果

图7-11 北京旧城街区照片（上）与纽约街区照片（下）

四、结语

本文所述调研项目清单及评价体系设计具有如下特点。

调研内容和调研目的源自国外已有经验的相关学科理论和研究调查，贴合北京旧城实际情况设计的调研条目使得数据采集有了更明晰的目标；调研表格图示清晰、内容自明，让任何学术背景的后来者都可以快速加入调研项目中来，具有良好的可持续性；作用于评价调研内容现状的评分体系，使得实际步行体验得来调研数据可以量化分析；调研项目的评分内容脱胎于已得到良好评价的实际城市设计案例，具有一定的先进性，在某种程度上可作为改善现有城市设计问题的方向参考。

本次调研中还发现了公共交通密度、城市家具和服务设施利用不足等问题，有待更加细致的数据梳理分析。希望本次调研的成果能够从健康城市设计的角度发现系列问题，为健康北京和宜居北京贡献力量。

心理健康视角下的人行道空间四界面元素：北京[①]

一、影响机制：人行道空间与居民心理健康

随着城镇化进程不断深入，生活节奏越来越快，城市居民的心理健康问题也日渐突出。街道作为面积最大的城市公共空间，承载着多种多样的居民公共生活。而人行道作为街道最重要的步行公共空间，直接或间接地影响居民心理健康。一个精心设计的城市公共空间具有缓解压力，增强情绪的能力[②]。安娜·波尼奥里亚（Anna Bornioli）证实在高质量的城市环境中行走会对心理健康产生积极的效果，同时过多的机动车车行交通取代步行空间，对居民的心理有着种种的消极作用[③]。可见，人行道空间对于居民的心理健康有着深远的影响，既可以是正面的产生疗愈效果，也可能是负面的引起心理不适或疾病。这种影响机制已经有一些理论支持，也被越来越多的实证研究证明。

（一）人行道空间的定义

要研究人行道与心理健康的关系，必

① 原载于《建筑创作》2020年第4期183-191页《心理健康视角下的人行道空间四界面元素研查——以首都功能核心区街景为例》，作者：陶锦耀，李煜，徐跃家.

② KARMANOV D, HAMEL R. Assessing the restorative potential of contemporary urban environment (s): Beyond the nature versus urban dichotomy[J]. Landscape&Urban Planning, 2008, 86(2): 115-125.

③ BORNIOLI A, PARKHURST G, MORGAN P L. Psychological wellbeing benefits of simulated exposure to five urban settings: an experimental study from the pedestrian's perspective[J]. Journal of transport & health, 2018, 9: 105-116.

须从其实际使用者的角度出发，由此笔者根据《纽约城市公共健康空间设计导则》[①]以下简称为《纽约导则》)，将人行道空间定义为：自人行道边界路缘石的外侧开始至建筑侧的无法通过的竖直隔离面（包括围护栏，建筑墙面，河道等）所包含的三维公共空间。从行人的视角，由4个平面：地面、顶面、街道面、建筑面围合组成（图8-1）。人行道被塑造成一个虚拟的实体房间，行人的体验发生在一个由各种元素组成的物理空间中，而这些元素的存在、规模和组成形式，综合起来形成人行道空间知觉属性，并在日复一日的通行过程中对使用者本身产生心理健康影响。在此需要弄清以下两个定义。

① City of New York, New York City Department of Design and Construction, Department of Health and Mental Hygiene, Department of Transportation, Department of City Planning. Active Design Guidelines: Promoting Physical Activity and Health in Design[S]. New York: 2010.

② 扬·盖尔. 交往与空间[M]. 何人可，译. 北京：中国建筑工业出版社，2002：67-68，140.

1．人行道空间的高度H

扬·盖尔曾在著作《交往与空间》[②]中写到，人们在人行道上行走时候，目光所及之处通常只是建筑物的底层、地面及人行道空间正发生的事。行人平均视线高度1.7m，视线观察到的高度约为0～5.4m，高度H即一层或两层的建筑高度。

2．人行道空间的长度L

扬·盖尔同样在该著作中写到，330英尺（100m）通常为人的社会性视域，这个距离通常是人眼能看到人群或物体的最远距离。这个距离同样被《纽约导则》采用作为人行道空间研究的长度标本，因此笔者将长度L定为100m。

而人行道空间的定义正是对地面宽度W的重要解释。

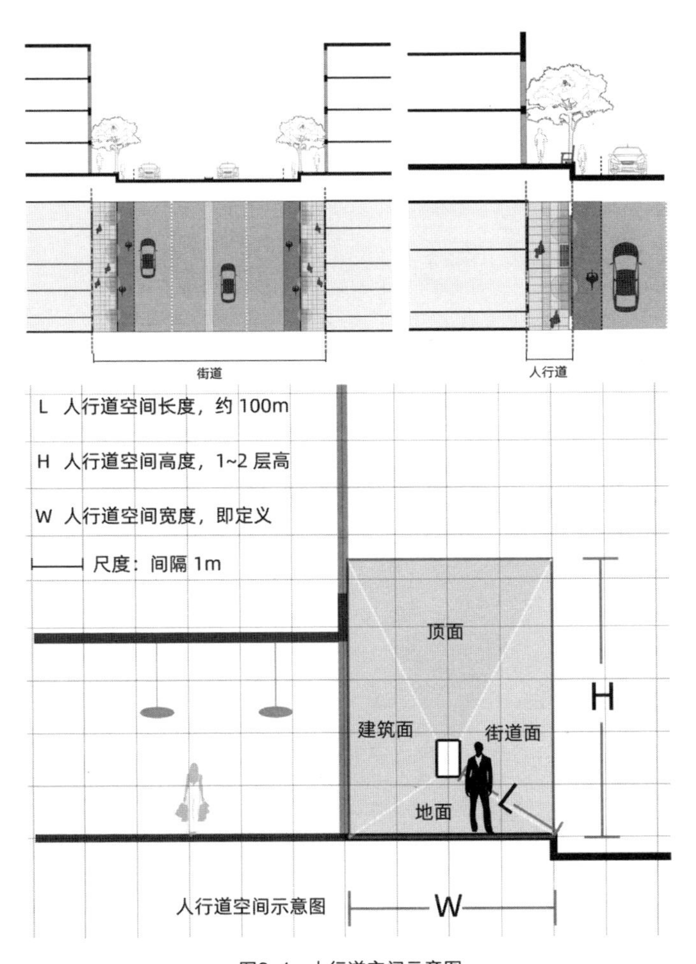

图8-1 人行道空间示意图

（二）四界面与心理健康的关系

直接感知人行道空间并探讨其与心理健康的关系比较抽象，由此笔者将空间展开，通过感知组成人行道空间四个界面的元素来研究其与心理健康的关系（图8-2）。

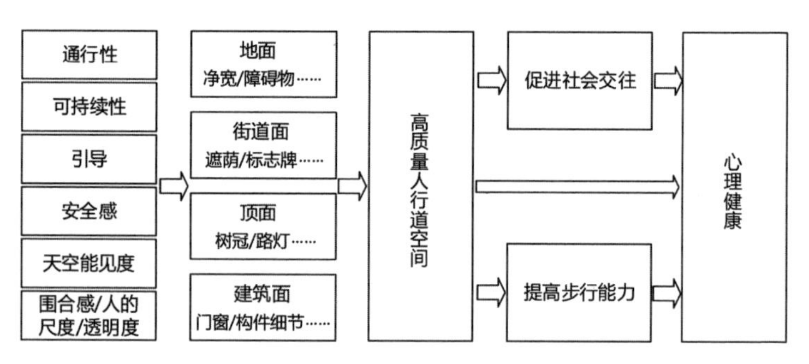

图8-2 人行道空间四界面与心理健康的关系结构图

1. 地面

地面是人行道空间存在的根本，是居民社会交往和行走的基础，其最重要的性质是通行性。行走散步是一项有利于心理健康的运动[①]，提高公共空间的质量和设施，鼓励居民使用，可以促进社会关系和提高心理健康。当居民在人行道公共空间进行社会交往时，可以从日常琐事中解脱出来，提供维系纽带的机会，以此来提升其精神状态[②]。而如果地面通行受阻，糟糕的通行条件将导致社交和行走的体验变差，久而久之会影响行人心理健康（图8-3）。

① GATRELL A C. Therapeutic mobilities: walking and ‘steps’ to wellbeing and health[J]. Health & place, 2013, 22: 98-106.

② CATTELL V, DINES N, GESLER W. Mingling, observing, and lingering: Everyday public spaces and their implications for well-being and social relations[J]. Health & Place, 2008, 14(3): 544-561.

2. 街道面

街道面是人行道与车行道紧密联系的界面，主要由垂直物理元素定义，其最重要的性质是可持续性和引导性。街道面的行道树是人行道空间最重要的自然元素。在局部尺度上，行道树可以提供荫凉，增加雨水管理，广泛的树木覆盖可以改善室外人体热舒适性[①]。同时有学者研究发现行道树覆盖率较高的街道可以促进压力释放[②]，在一定程度上可以减少道路噪声的影响[③]。而持续暴露在交通噪声中会导致居民心理不适如烦恼，还会降低其幸福感[④]。关于引导，街道面上的标志牌可以清晰地告诉行人出行路径和目的地，从心理学角度观察，这是一种轻松和舒适的感觉[⑤]。

3. 顶面

顶面相当于人行道空间的“顶棚”部分，其最重要的性质是天空能见度和安全性。天空能见度由行人视角下可见的天空量定义，顶面天空会被树冠、建筑墙体等遮挡。有学者发现当居民在街道行走时，城市建筑景观特别是高层建筑会对行人产生心理压力，而行人可见的天空和充当遮挡墙壁的行道树可以缓解这种心理压力[⑥]。同时，若

① LEE H, HOLST J, MAYER H. Modification of Human-Biom-eteorologically Significant Radiant Flux Densities by Shading as Local Method to Mitigate Heat Stress in Summer within Urban Street Canyons[J]. Advances in Meteorology, 2013, (38): 6647-6662.

② JIANG B, LI D, LARSEN L. A Dose-Response Curve Describing the Relationship Between Urban Tree Cover Density and Self-Reported Stress Recovery[J]. Environment and Behavior, 2014, 48(4): 607-629.

③ KALANSURIYA C M, PANNILA A S, SONNADARA D U J. Effect of roadside vegetation on the reduction of traffic noise levels[C]. Institute of Physics Sri Lanka, 2009.

④ OUIS D. Annoyance from Road Traffic Noise: A Review[J]. Journal of Environmental Psychology, 2001, 21(1): 101-120.

⑤ KAPLAN R, KAPLAN S, Ryan R. With people in mind: Design and management of everyday nature[M]. Island press, 1998.

⑥ ASGARZADEH M, KOGA T, YOSHIZAWA N. A transdisciplinary approach to oppressive cityscapes and the role of greenery as key factors in sustainable urban development[C]. Science & Technology for Humanity, 2010.

天空能见度过低导致冬季光照水平不足，也可能对季节性情感障碍敏感的个人的心理健康产生影响[1]。学者斯保尔·托纳德（Paul Stollard）的研究认为：“室外照明过少可能助长犯罪，降低安全感”[2]。而安全感有益于心理健康[3]。况且由对犯罪的恐惧引发的压力和焦虑，对心理健康的影响可能与犯罪本身一样值得重视[4]。人行道空间照明首先要保证人身安全，应该满足行人能够快速辨别出对方的动作以便有足够时间作出反应。顶面的路灯是人行道夜间照明主要来源，其照度和数量在一定程度上能保证行人的安全。

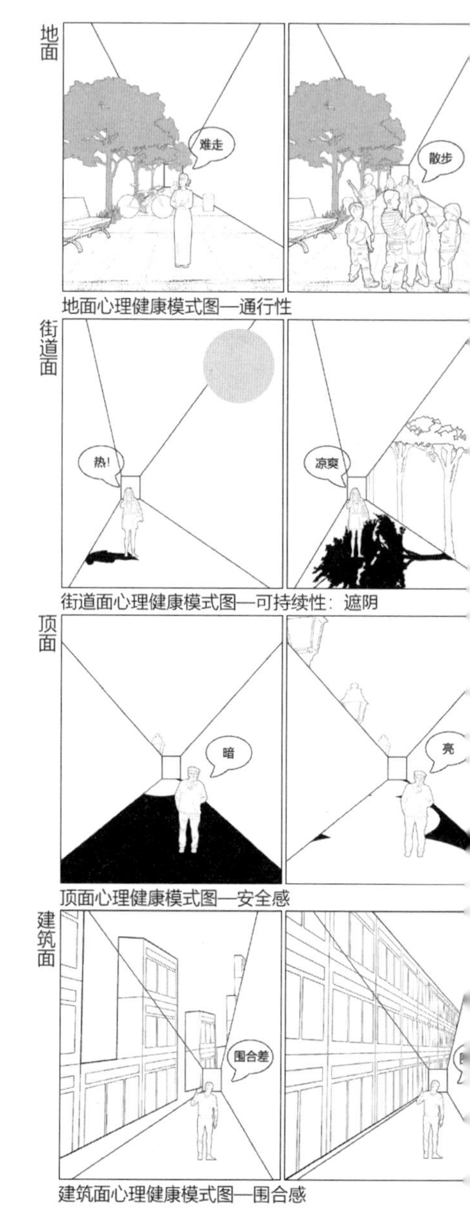

图8-3 人行道空间四界面心理模式图汇总

① KURLANSIK S L, IBAY A D. Seasonal affective disorder[J]. American family physician, 2012, 86(11): 1037-1041.

② STOLLARD P. Crime prevention through housing design[M]. Taylor & Francis, 1990.

③ WANG R, YUAN Y, LIU Y. Using street view data and machine learning to assess how perception of neighborhood safety influences urban residents' mental health[J]. Health & Place, 2019, 59(2019): 102-186.

④ STAFFORD M, CHANDOLA T, MARMOT M. Association between fear of crime and mental health and physical functioning[J]. American journal of public health, 2007, 97(11): 2076-2081.

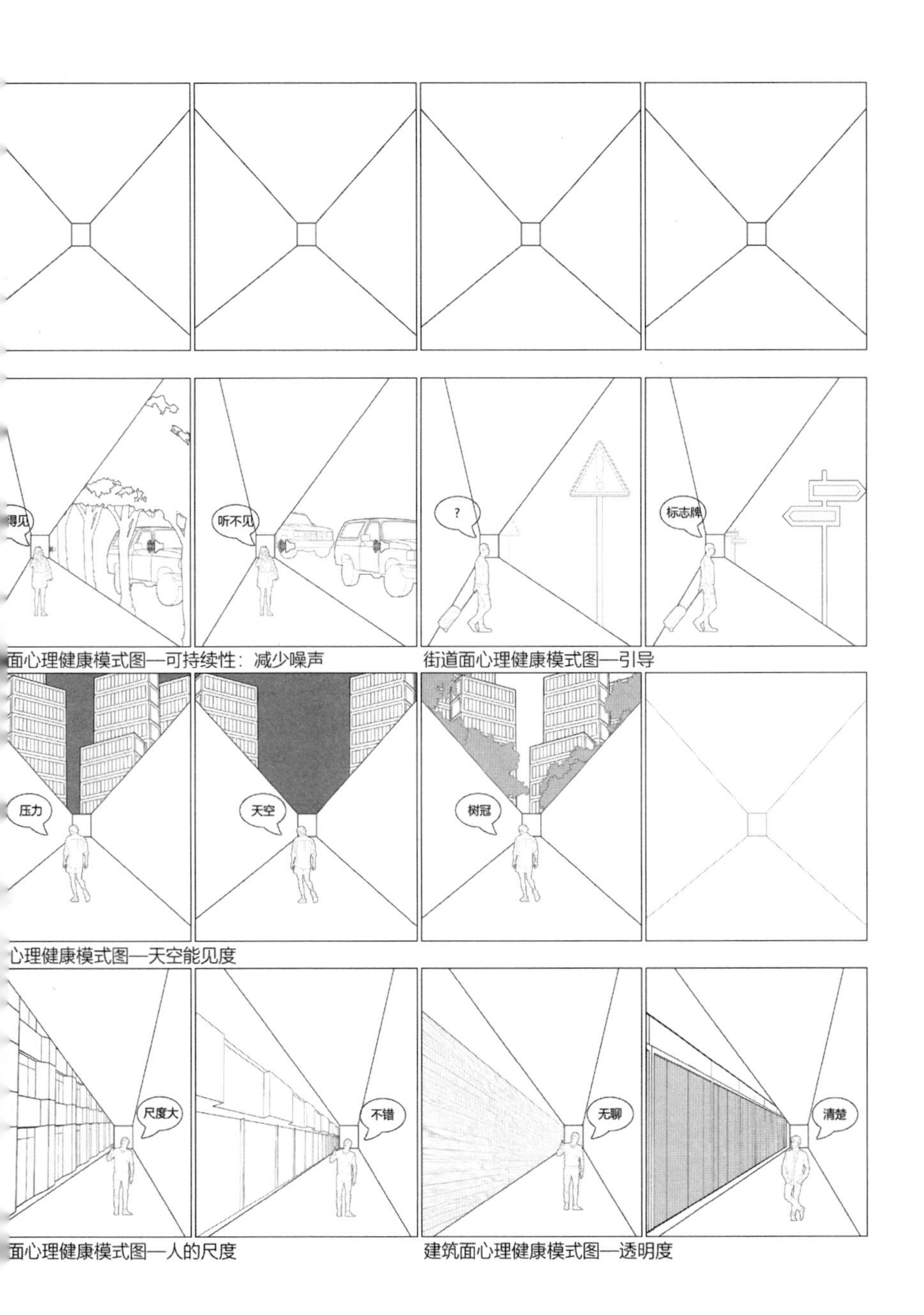

面心理健康模式图—可持续性：减少噪声

街道面心理健康模式图—引导

心理健康模式图—天空能见度

面心理健康模式图—人的尺度

建筑面心理健康模式图—透明度

4. 建筑面

建筑面是公共属性人行道与私有属性建筑的交界处，是人与环境最容易发生互动的区域。有学者以天空能见度为标准研究街道的围合感，量化街道步行能力并与社区老人心理健康数据建立相关性，从而证明其对老年居民的心理健康有潜在的益处。同样笔者认为提升建筑面，关于步行能力最重要的3个品质：围合感、人的尺度和透明度对心理健康有益[①]。围合感主要依靠人行道上连续建筑墙体形成，建筑物成为人行道空间清晰的墙壁边界。克里斯托弗·亚历山大（Christopher Alexander）认为一个有明确形状和边界的户外空间是积极的[②]。人的尺度则可以依靠建筑质量，包括建筑大小、结构或建筑构件、装饰等体现。透明度则指人们感知室外公共空间的程度，影响元素包括门窗洞口、围栏、墙等。其经典案例是购物街的橱窗，而空白墙和反光玻璃则是相反案例[③]。

综上，一条优秀的人行道必定有清晰的道路边界，具备高品质的基础设施，有树木能遮阴、有长凳供休息，吸引人流步行和社会交往[④]，若附近有商店，行人更愿意出行[⑤]（图8-4）。

① WANG R, LU Y, ZHANG J. The relationship between visual enclosure for neighbourhood street walkability and elders' mental health in China: using street view images[J]. Journal of Transport & Health, 2019, 13: 90-102.

② ALEXANDER C, ISHIKAWA S, SILVERSTEIN M. A Pattern Language?—Towns Buildings Construction[M]. New York: Oxford University Press, 1977.

③ EWING R. Eight Qualities of Pedestrian and Transit-Oriented Design[J]. Urban Land: The magazine of the Urban Land Institute, 2013.

④ HAWTHORNE W. Why Ontarians walk, why Ontarians don't walk more: a study of the walking habits of Ontarians[J]. Ontario: Energy Probe Research Foundation, 1989.

⑤ HOLMAN C D, DONOVAN R J, CORTI B. Factors influencing the use of physical activity facilities: results from qualitative research[J]. Australia: Official Journal of Australian Association of Health Promotion Professionals, 1996, 6(1): 16.

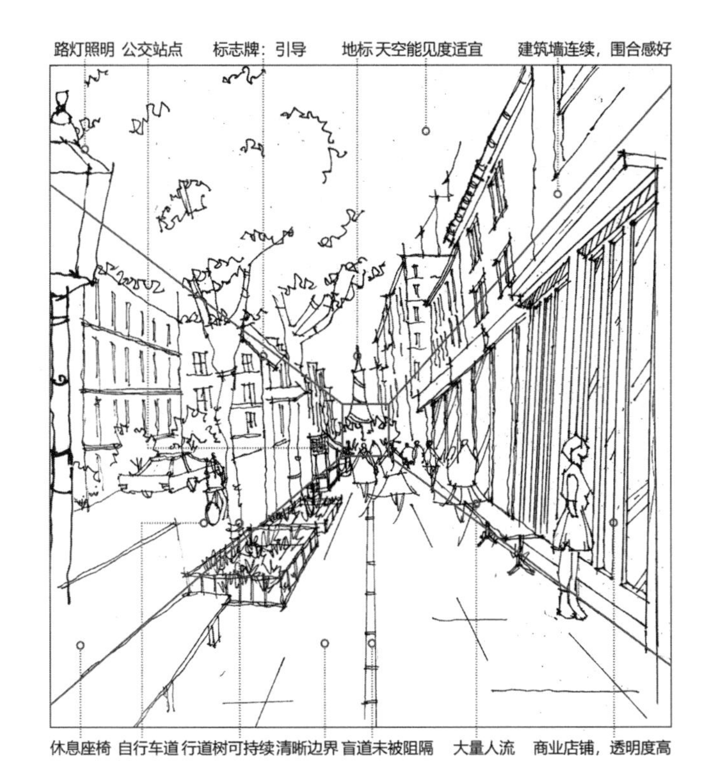

图8-4 优秀人行道范图

（图片来源：根据《纽约城市公共健康空间设计导则》改绘）

二、实证调研：首都功能核心区人行道空间“心理健康影响”

（一）调研表格：人行道空间“心理健康影响”调研项目清单

《纽约导则》针对纽约市社区和街道提出一套调研评价方法，包含从社区到空间界面等一系列由大至微的调研模式。笔者将其中关于人行道空间4个界面元素的描述结合上述心理健康理论影响机制，改编成人行道空间“心理健康影响”调研项目清单，并经过数次基础调研，根据首都功能核心区人行道的特点，重新改编部分项目条例，增减项目分值，调整出新的《人行道空间“心理健康影响”调研项目清单》(以下称《项目清单》)(图8–5)，并使用新的“项目清单”对60条样本人行道重新调研。

《项目清单》包含“4大类、38条目、满分40分”的关于核心区人行道空间设计的调研内容暨评分项，以人行道空间4个界面元素评判为框架，扩展出各自细分项目，并为每项条目赋值作评分标准，量化调研成果，从而分析被调研人行道具体的现状。所选条目

人行道空间“心理健康影响”调研项目清单

人行道名称：__________

01. 地面 (满分+14分)

○ 人行道边界清晰畅通且坡度平坦，满足多人使用 (+1分)
○ 人行道有足够的净宽，满足至少行人双向行走 (+2分)
○ 有大量的行人流量和各种活动 (+1分)
○ 人行道有许多连接口，与其他街道或建筑连接良好 (+1分)
○ 有绿化带或成列行道树 (+1分)
○ 绿化带宽度适宜，至少为1.5m (+1分)
○ 地面材料的纹理和图案美观且易于维护 (+1分)
○ 地面包括但不限于以下元素：(少于两项+0分，两项计+1分，每增加一项+0.5分，最多+9分)

□ 公共座椅	□ 垃圾桶/箱
□ 地铁口	□ 报刊亭
□ 文化设施	□ 灯杆、标志牌、树坑和树干的基座
□ 消防栓	□ 无障碍设施，如盲道
□ 自行车停放区	□ 公交站点
□ 邮筒	□ 景观设施
□ 路桩	□ 公共电话亭
□ 室外小摊	□ 机动车停放区
□ 其他：	

△ 共享单车、电瓶车、机动车乱停乱放或私人物品随意放置，占用人行道空间 (-1分)
△ 树坑过大或灯杆、电力变压箱、井盖等市政设施设置不当，致使盲道改道或人行道被占据 (-1分)
△ 人行道不连续，出现断头路 (-1分)

02. 街道面 (满分+9分)

○ 行道树排列得当，遮挡视线，能缓和建筑物的规模和宽阔街道对人的威胁 (+2分)
○ 标志牌清晰指示行人行走路径和方向 (+1分)
○ 街道面有除行道树之外的绿化设施，提供设计美学 (+1分)
○ 紧靠人行道的马路是自行车道或停车道，作为人行道与车行道的缓冲区，定义街道面的次平面 (+1分)
○ 当人行道上的垂直元素减少时，马路对面的街道更加突出 (+1分)
○ 街道面包括但不限于以下元素：(少于两项+0分，两项计+1分，每增加一项+0.5分，最多+3分)

□ 公交站点	□ 垃圾桶/箱
□ 消防栓	□ 报刊亭
□ 广告牌	□ 自行车架
□ 自行车道	□ 街头小贩
□ 灯杆	□ 标志牌
□ 公共座椅	□ 其他：

○ 街道面有持续变化的层次，给不同速度的行人带来不同体验 (+1分)
△ 马路上车流量很大且速度快，有噪声 (-1分)

03. 顶面 (满分+5分)

○ 顶面部分有树冠且树冠繁密，能为行人提供遮荫 (+1分)
○ 当树冠的树叶随季节变化时，街灯顶部清晰可见 (+1分)
○ 当更高的建筑存在时，近处的建筑檐口线清晰可见 (+1分)
○ 顶面包括但不限于以下元素：(少于两项+0分，两项计+1分，每增加一项+0.2分，最多2分)

□ 树冠	□ 广告招牌
□ 照明灯杆顶部	□ 街道旁的建筑墙
□ 背景里的地标性建筑/高层建筑	□ 遮阳篷
□ 监控摄像头	□ 其他：

○ 有夜间照明，灯光照度合适 (+1分)
○ 建筑上部在顶面的比例合适 (+1分)
△ 顶面几乎被天空界定，影响人行道空间的整体封闭感觉 (-1分)
△ 阳台、防火梯、电线杆或外挂空调突出到顶面上，影响顶面美观和天空的可见程度 (-1分)

04. 建筑面 (满分+12分)

○ 建筑墙不会完全遮挡阳光 (+1分)
○ 建筑墙距人行道边缘较小，该区域包括且不限于以下元素 (少于两项+0分，两项计+1分，每增加一项+0.5分最多+3分)

□ 花圃/盆栽	□ 咖啡馆/奶茶店/小吃店
□ 标志牌	□ 公共座椅
□ 门廊	□ 其他：

○ 建筑墙距人行道边缘较大，该区域包括且不限于以下元素 (少于两项+0分，两项计+1分，每增加一项+0.5分最多+3分)

□ 机动车停放区	□ 公共座椅
□ 路缘石切口	□ 较大的树木
□ 其他：	□ 咖啡馆/奶茶店/小吃店

○ 高楼建筑面有植物能缓和尺度 (+1分)
○ 建筑墙界面入口多且密，人们时常进出建筑物，有助于确保人行道的活跃性和安全 (+1分)
○ 建筑面门窗等洞口多，透明度高，有利于室内外活动交流 (+1分)
○ 建筑墙底层有商业店铺，例如小吃店、零售店等，有利于提高界面下部的活跃性 (+1分)
○ 建筑底部的招牌，檐篷等提供连续的变化，丰富立面效果 (+1分)
○ 形成一堵街墙，有立面的垂直节奏和纹理，建筑体量被分解为人的规模 (+2分)
△ 建筑面一侧有围栏，围墙或绿化带等阻隔，界面单一枯燥 (-1分)
△ 建筑墙不连续，突然出现较大缺口或突出到人行道 (-1分)

总计：___分/40分
评级：______

(X≥30分为S级，30>X≥20分为A级，20>X≥10分为B级，10>X≥5为C级，X<5为F级)

图8–5 人行道空间“心理健康影响”调研项目清单

的适用调研范围是以行人所在位置为起点，沿人行道路径步行约100m距离内涉及的所有人行道空间；主要为“是否”的判断性语句，符合描述的样本按分值计分；此外包含一些扣分项目，即在核心区内人行道调研时出现次数比较多的一些问题。具体清单条目主要如下。

地面，满分14分，共11条目。关于通行性：地面障碍物、清晰边界等。

街道面，满分9分，共8条目。关于可持续性和引导：主要记述行道树、标志牌等。

顶面，满分5分，共8条目。关于安全感和天空能见度：包括树冠，路灯照明等。

建筑面，满分12分，共11条目。关于围合感、人的尺度和透明度：以提高步行能力为主，记录包括建筑退线、出入口、一二层近人尺度的细节等。

（二）调研对象：首都功能核心区内60条人行道

首都功能核心区是国家政治中心，作为展示国家形象的重要窗口，《北京城市总体规划（2016年—2035年）》明确提出要打造高品质、人性化的公共空间，重新塑造街道空间环境，尤其是对核心区街道提出更高要求[①]。因此笔者选择首都功能核心区作为研究范围。

笔者曾在之前研究中发现北京不同道路等级旁的人行道之间宽度差异巨大。例如位于北京展览馆路侧的人行道，其横向广场为人行道，宽度足足拓展至140m；而

① 北京市规划委员会. 北京城市总体规划（2016年—2035年）[Z]. 2017.

有一些胡同类的人行道宽度则仅为0.5m。现代城市道路以车流量和交通工程量划分等级，根据《城市道路工程设计规范》CJJ 37—2022道路分为快速路、主干路、次干路、支路[①]。在此分级系统下，城市内基本所有道路包括人行道都为车行交通服务，车流量对人行道的影响很大。为了便于统计和观察，调研便以交通道路等级为选择标准，针对4个不同道路等级，在核心区随机各选择15条人行道，共60条（表8–1）。以百度地图三维街景和现场实地拍照记录为方法进行调研。所选人行道样本长度皆约100m，并以点和图例的形式在总图上表示（图8–6）。

① 北京市市政工程设计研究总院．城市道路工程设计规范 CJJ 37—2012[S]．北京：中国建筑工业出版社，2016.

首都功能核心区人行道名称统计表 表8–1

序号	名称	序号	名称	序号	名称	序号	名称	序号	名称
快速路									
1	天坛东路	2	光明路	3	朝阳门南大街	4	东直门南大街	5	德胜门东大街
6	广渠门南滨河路	7	北三环中路	8	右安门东滨河路	9	复兴门内大街	10	安定门东大街
11	建国门内大街	12	西直门北大街	13	西直门外大街	14	阜成门南大街	15	鸭子桥路
主干路									
1	红莲南路	2	武定侯街	3	三里河东路	4	祈年大街	5	东安门大街
6	美术馆后街	7	永定门外大街	8	南纬路	9	珠市口东大街	10	宣武门东大街
11	崇文门东大街	12	新街口外大街	13	新康街	14	和平里东街	15	安定门外大街

续表

序号	名称	序号	名称	序号	名称	序号	名称	序号	名称
次干路									
1	南门仓胡同	2	德胜门内大街	3	真武庙路四条	4	白广路	5	安乐林中街
6	南礼士路头条	7	西四北大街	8	南新华街	9	什坊小街	10	东四南大街
11	东四北大街	12	交道口南大街	13	安德路	14	新德街	15	黄寺大街
支路									
1	大乘巷	2	护国寺街	3	豆腐池胡同	4	草场三条	5	宫门口东岔
6	西黄城根南街	7	马连道路	8	下斜街	9	四平园胡同	10	里仁街
11	新太仓胡同	12	法华寺街	13	培新街	14	杨梅竹斜街	15	西总布胡同

三、调研结果：首都功能核心区人行道空间“心理健康影响”分析

经过现场研查和《项目清单》打分评价，可以读出心理健康视角下首都功能核心区人行道空间的一些大致情况。从图8-7可知，目前60条调研人行道评价最高的是A级别，仅有两条，分别是次干路段的“东四南大街”和“交道口南大街”。评价最低的是F级别，占到10%的比例，其中5条位于支路段。支路段人行道多是胡同形式，由于其缺少清晰的边界且人车混行，导致作为公共空间属性的人行道在4个界面表现都比较差。次干路段人行道功能相对完善且车流量比较小，其在本次调研中整体表现较好。快速路、主干路附

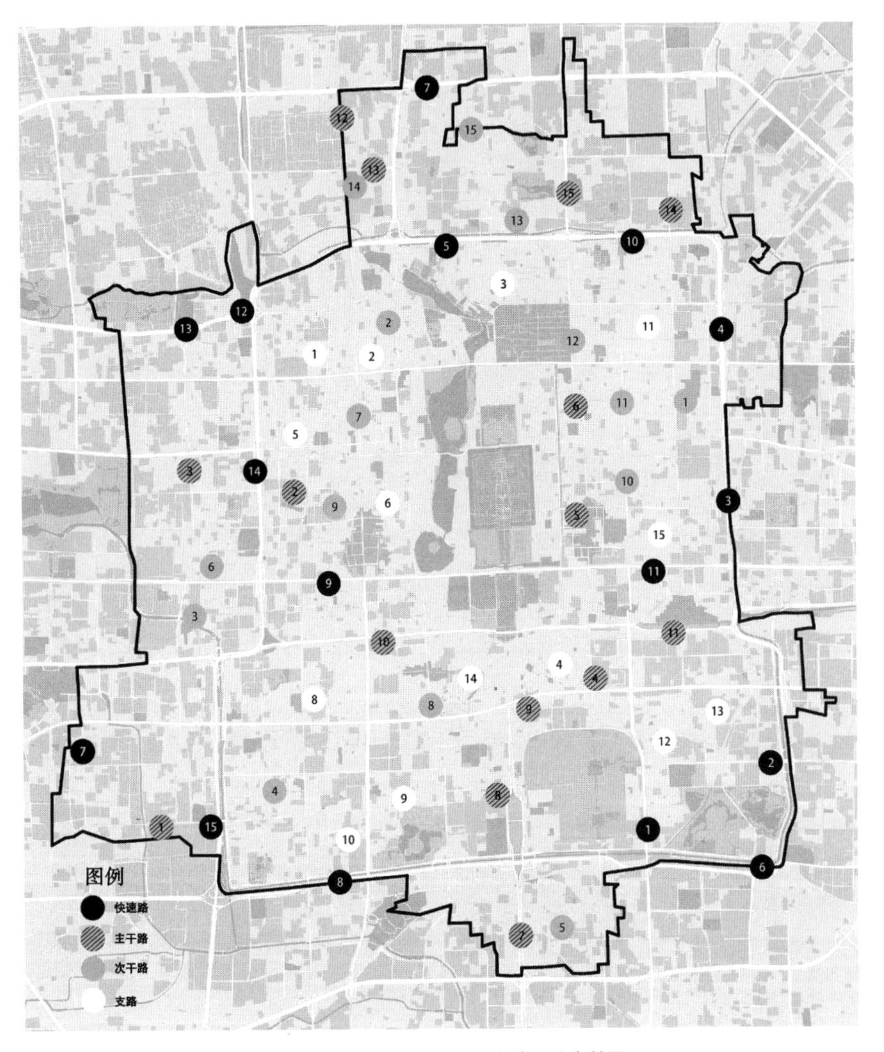

图8-6　首都功能核心区 60 条人行道位置分布总图

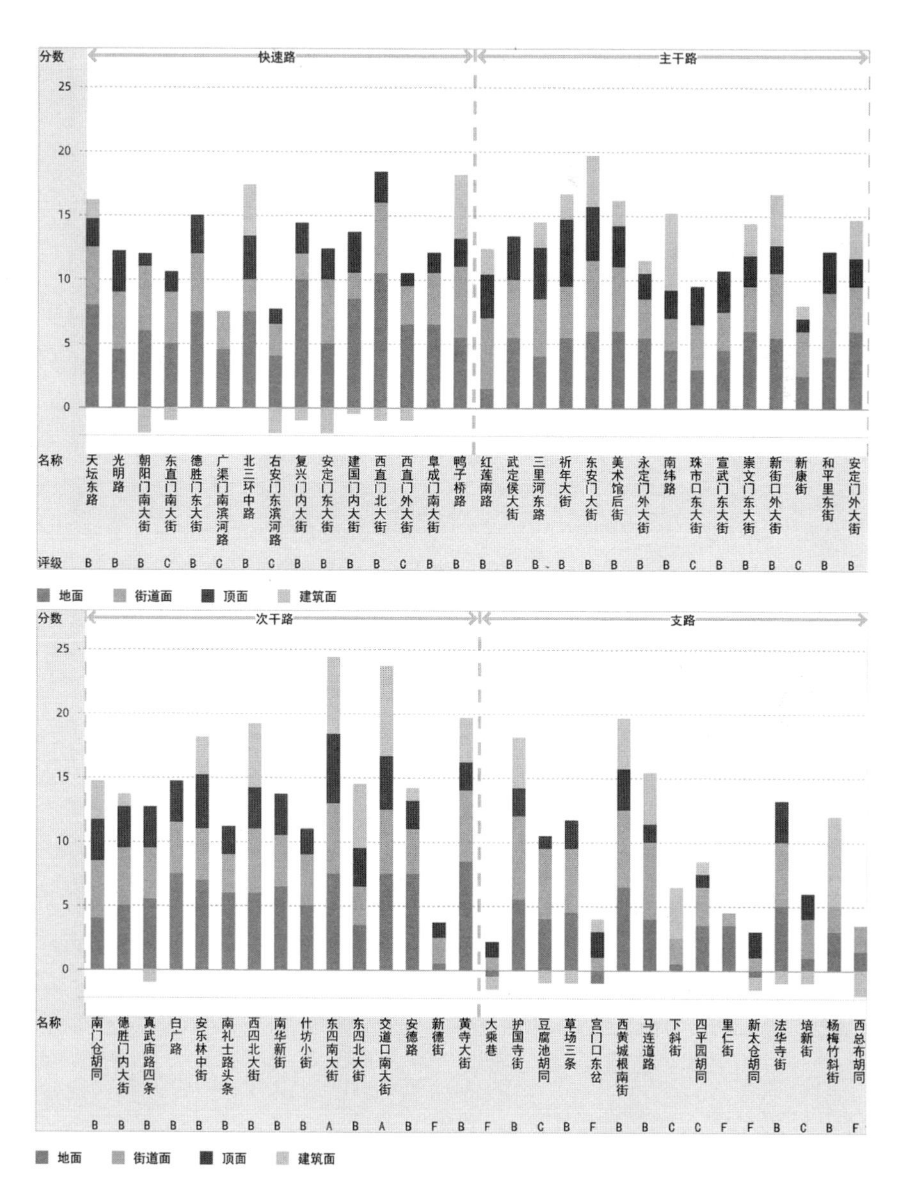

图8-7 首都功能核心区60条人行道调研分数汇总图

西四北大街

人行道空间“心理健康影响”调研项目清单

人行道名称：西四北大街

01. 地面（满分+14分）

- ○✓ 人行道边界清晰畅通且坡度平坦，满足多人使用（+1分）
- ○✓ 人行道有足够的净宽，满足至少行人双向行走（+2分）
- ○✓ 有大量的行人流量和各种活动（+1分）
- ○✓ 人行道有许多连接口，与其他街道或建筑连接良好（+1分）
- ○ 有绿化带或成列行道树（+1分）
- ○ 绿化带宽度适宜，至少为1.5m（+1分）
- ○ 地面材料的纹理和图案美观且易于维护（+1分）
- ○ 地面包括但不限于以下元素：（少于两项+0分，两项计+1分，每增加一项+0.5分，最多+3分）

□ 公共座椅	□✓ 垃圾桶 / 箱
□ 地铁口	□ 报刊亭
□ 文化设施	□✓ 灯杆、标志牌、树坑和树干的基座
□ 消防栓	□✓ 无障碍设施，如盲道
□ 自行车停放区	□ 公交站点
□ 邮筒	□ 景观设施
□✓ 路桩	□ 公共电话亭
□ 室外小摊	□ 机动车停放区
□ 其他：	

- △✓ 共享单车、电瓶车、机动车乱停乱放或私人物品随意放置，占用人行道空间（-1分）
- △ 树坑过大或灯杆、电力变压箱、井盖等市政设施设置不当，致使盲道改道或人行道被占据（-1分）
- △ 人行道不连续，出现断头路（-1分）

02. 街道面（满分+9分）

- ○✓ 行道树排列得当，遮挡视线，能缓和建筑物的规模和宽阔街道对人的威胁（+2分）
- ○ 标志牌清晰指示行人行走路径和方向（+1分）
- ○ 街道面有除行道树之外的绿化设施，提供设计美学（+1分）
- ○✓ 紧靠人行道的马路是自行车道或停车道，作为人行道与车行道的缓冲区，定义街道面的次平面（+1分）
- ○ 当人行道上的垂直元素减少时，马路对面的街道更加突出（+1分）
- ○ 街道面包括但不限于以下元素：（少于两项+0分，两项计+1分，每增加一项+0.5分，最多+3分）

□✓ 公交站点	□ 垃圾桶 / 箱
□ 消防栓	□ 报刊亭
□ 广告牌	□ 自行车架
□✓ 自行车道	□ 街头小贩
□✓ 灯杆	□✓ 标志牌
□ 公共座椅	□ 其他：

- ○ 街道面有持续变化的层次，给不同速度的行人带来不同体验（+1分）
- △ 马路上车流量较大且速度快，有噪声（-1分）

03. 顶面（满分+5分）

- ○✓ 顶面部分有树冠且树冠繁密，能为行人提供遮荫（+1分）
- ○ 当树冠的树叶随季节变化时，街灯顶部清晰可见（+1分）
- ○ 当更高的建筑存在时，近处的建筑檐口线清晰可见（+1分）
- ○ 顶面包括但不限于以下元素：（少于两项+0分，两项计+1分，每增加一项+0.2分，最多2分）

□✓ 树冠	□ 广告招牌
□✓ 照明灯杆顶部	□✓ 街道旁的建筑墙
□ 背景里的地标性建筑 / 高层建筑	□ 遮阳篷
□ 监控摄像头	□ 其他：

- ○✓ 有夜间照明，灯光照度合适（+1分）
- ○ 建筑上部在顶面的比例合适（+1分）
- △ 顶面几乎被天空界定，影响人行道空间的整体封闭感觉（-1分）
- △ 阳台、防火梯、电线杆或外挂空调突出到顶面上，影响顶面美观和天空的可见程度（-1分）

04. 建筑面（满分+12分）

- ○✓ 建筑墙不会完全遮挡阳光（+1分）
- ○ 建筑墙距人行道边缘较小，该区域包括且不限于以下元素（少于两项+0分，两项计+1分，每增加一项+0.5分 最多+3分）

□ 花圃 / 盆栽	□✓ 咖啡馆 / 奶茶店 / 小吃店
□✓ 标志旗	□ 公共座椅
□ 门廊	□ 其他：

- ○ 建筑墙距人行道边缘较大，该区域包括且不限于以下元素（少于两项+0分，两项计+1分，每增加一项+0.5分 最多+3分）

□ 机动车停放区	□ 公共座椅
□ 路缘石切口	□ 较大的树木
□ 其他：	□ 咖啡馆 / 奶茶店 / 小吃店

- ○ 高楼建筑面有植物的缓和尺度（+1分）
- ○✓ 建筑墙界面入口多且密，人们时常进出建筑物，有助于确保人行道的活跃性和安全（+1分）
- ○✓ 建筑面门窗等洞口多，透明度高，有利于室内外活动交流（+1分）
- ○✓ 建筑墙底层有商业店铺，例如小吃店、零售店等，有利于提高界面下部的活跃性（+1分）
- ○ 建筑底部的招牌、橱窗等提供连续的变化，丰富立面效果（+1分）
- ○ 形成一堵街墙，有立面的垂直节奏和纹理，建筑体量被分解为人的尺度（+2分）
- △ 建筑面一侧有围栏、围墙或绿化带等阻隔，界面单一枯燥（-1分）
- △ 建筑墙不连续，突然出现较大缺口或突出到人行道（-1分）

总计：19.2 分 /40 分

评级：B

大乘巷

人行道空间“心理健康影响”调研项目清单

人行道名称：大乘巷

01. 地面（满分+14分）

- ○ 人行道边界清晰畅通且坡度平坦，满足多人使用（+1分）
- ○ 人行道有足够的净宽，满足至少行人双向行走（+2分）
- ○ 有大量的行人流量和各种活动（+1分）
- ○ 人行道有许多连接口，与其他街道或建筑连接良好（+1分）
- ○ 有绿化带或成列行道树（+1分）
- ○ 绿化带宽度适宜，至少为1.5m（+1分）
- ○ 地面材料的纹理和图案美观且易于维护（+1分）
- ○ 地面包括但不限于以下元素：（少于两项+0分，两项计+1分，每增加一项+0.5分，最多+3分）

□ 公共座椅	□✓ 垃圾桶 / 箱
□ 地铁口	□ 报刊亭
□ 文化设施	□✓ 灯杆、标志牌、树坑和树干的基座
□ 消防栓	□ 无障碍设施，如盲道
□ 自行车停放区	□ 公交站点
□ 邮筒	□ 景观设施
□✓ 路桩	□ 公共电话亭
□ 室外小摊	□ 机动车停放区
□ 其他	

- △✓ 共享单车、电瓶车、机动车乱停乱放或私人物品随意放置，占用人行道空间（-1分）
- △✓ 树坑过大或灯杆、电力变压箱、井盖等市政设施设置不当，致使盲道改道或人行道被占据（-1分）
- △ 人行道不连续，出现断头路（-1分）

02. 街道面（满分+9分）

- ○ 行道树排列得当，遮挡视线，能缓和建筑物的规模和宽阔街道对人的威胁（+2分）
- ○ 标志牌清晰指示行人行走路径和方向（+1分）
- ○✓ 街道面有除行道树之外的绿化设施，提供设计美学（+1分）
- ○ 紧靠人行道的马路是自行车道或停车道，作为人行道与车行道的缓冲区，定义街道面的次平面（+1分）
- ○ 当人行道上的垂直元素减少时，马路对面的街道更加突出（+1分）
- ○ 街道面包括但不限于以下元素：（少于两项+0分，两项计+1分，每增加一项+0.5分，最多+3分）

□ 公交站点	□ 垃圾桶 / 箱
□ 消防栓	□ 报刊亭
□ 广告牌	□ 自行车架
□ 自行车道	□ 街头小贩
□ 灯杆	□ 标志牌
□ 公共座椅	□ 其他：

- ○ 街道面有持续变化的层次，给不同速度的行人带来不同体验（+1分）
- △ 马路上车流量较大且速度快，有噪声（-1分）

03. 顶面（满分+5分）

- ○✓ 顶面部分有树冠且树冠繁密，能为行人提供遮荫（+1分）
- ○ 当树冠的树叶随季节变化时，街灯顶部清晰可见（+1分）
- ○ 当更高的建筑存在时，近处的建筑檐口线清晰可见（+1分）
- ○ 顶面包括但不限于以下元素：（少于两项+0分，两项计+1分，每增加一项+0.2分，最多2分）

□✓ 树冠	□ 广告招牌
□✓ 照明灯杆顶部	□✓ 街道旁的建筑墙
□ 背景里的地标性建筑 / 高层建筑	□ 遮阳篷
□ 监控摄像头	□ 其他：

- ○ 有夜间照明，灯光照度合适（+1分）
- ○ 建筑上部在顶面的比例合适（+1分）
- △ 顶面几乎被天空界定，影响人行道空间的整体封闭感觉（-1分）
- △✓ 阳台、防火梯、电线杆或外挂空调突出到顶面上，影响顶面美观和天空的可见程度（-1分）

04. 建筑面（满分+12分）

- ○ 建筑墙不会完全遮挡阳光（+1分）
- ○ 建筑墙距人行道边缘较小，该区域包括且不限于以下元素（少于两项+0分，两项计+1分，每增加一项+0.5分 最多+3分）

□✓ 花圃 / 盆栽	□ 咖啡馆 / 奶茶店 / 小吃店
□ 标志旗	□ 公共座椅
□ 门廊	□ 其他：

- ○ 建筑墙距人行道边缘较大，该区域包括且不限于以下元素（少于两项+0分，两项计+1分，每增加一项+0.5分 最多+3分）

□ 机动车停放区	□ 公共座椅
□ 路缘石切口	□ 较大的树木
□ 其他：	□ 咖啡馆 / 奶茶店 / 小吃店

- ○ 高楼建筑面有植物的缓和尺度（+1分）
- ○ 建筑墙界面入口多且密，人们时常进出建筑物，有助于确保人行道的活跃性和安全（+1分）
- ○ 建筑面门窗等洞口多，透明度高，有利于室内外活动交流（+1分）
- ○ 建筑墙底层有商业店铺，例如小吃店、零售店等，有利于提高界面下部的活跃性（+1分）
- ○ 建筑底部的招牌、橱窗等提供连续的变化，丰富立面效果（+1分）
- ○ 形成一堵街墙，有立面的垂直节奏和纹理，建筑体量被分解为人的尺度（+2分）
- △✓ 建筑面一侧有围栏、围墙或绿化带等阻隔，界面单一枯燥（-1分）
- △ 建筑墙不连续，突然出现较大缺口或突出到人行道（-1分）

总计：0.7 分 /40 分

评级：F

（X≥30分为S级，30>X≥20分为A级，20>X≥10分为B级，10>X≥5为C级，X<5为F级）

图8-8　三条案例人行道评价图

近大部分人行道都能得到B级评分，例如快速路段的“西直门北大街”和主干路段的“东安门大街”，尽管该路段车流量很大且建筑面得分比较低，但是由于周边功能完善，地面分数相对较高，最终整体表现趋于中等水平。

在打分评价的同时，更需要直观的知觉感受。笔者以支路段“大乘巷”、主干路段“武定侯街”和次干路段“西四北大街”3条人行道为例说明首都功能核心区人行道空间4个界面元素现状（图8-8）。

1．地面：净宽不足的焦虑

本次调研显示，核心区内有93.3%的人行道在地面一项得分没有超过及格分8.4分。笔者发现核心区内人行道普遍存在地面净宽不足或人车混行的问题。

人行道地面净宽指有效用于行人步行的宽度部分，满足双向行走的净宽至少需要1.5m（图8-9a）[①]。3个案例地面都存在被自行车特别是共享单车占据的情况。“西四北大街”和“大乘巷”最窄部分的净宽已经小于1.5m。同时机动车不合理停放也给地面净宽带来严峻挑战，特别是“大乘巷”段，由于是胡同内人行道，边界不清晰，普遍存在人车混行的难题，给行人带来很大安全隐患。有学者曾对哥伦比亚卡利地区行人做定性访谈，发现行人最不满意的是经常被机动车阻塞的狭窄人行道[②]。

综上，地面净宽不足和人车混行严重影响地面通行，从而影响居民心理健康。

① 冯树民，李政，张伟．城市人行道设置宽度研究[J]．哈尔滨工业大学学报，2008（4）：585-588.

② VILLAVECES A, NIETO L A, ORTEGA D. Pedestrians' perceptions of walkability and safety in relation to the built environment in Cali, Colombia, 2009-10[J]. Injury prevention, 2012, 18(5): 291-297.

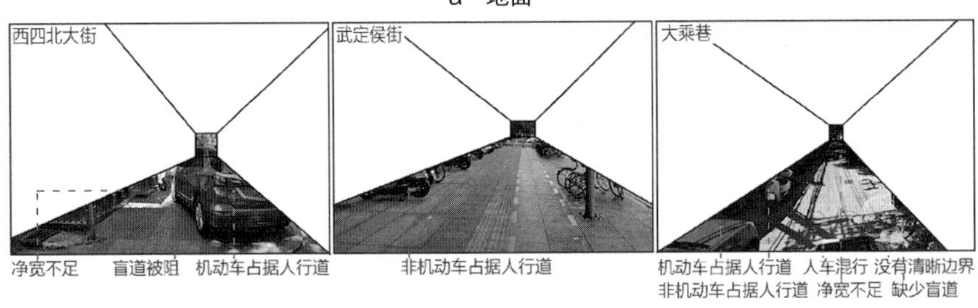

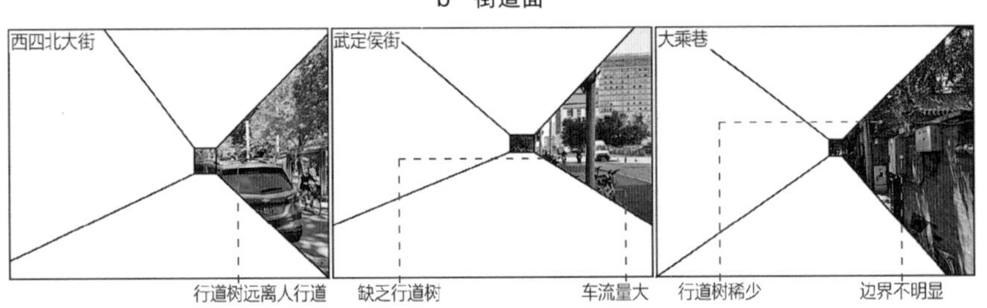

图8-9 三条案例人行道空间四界面现状

c 顶面

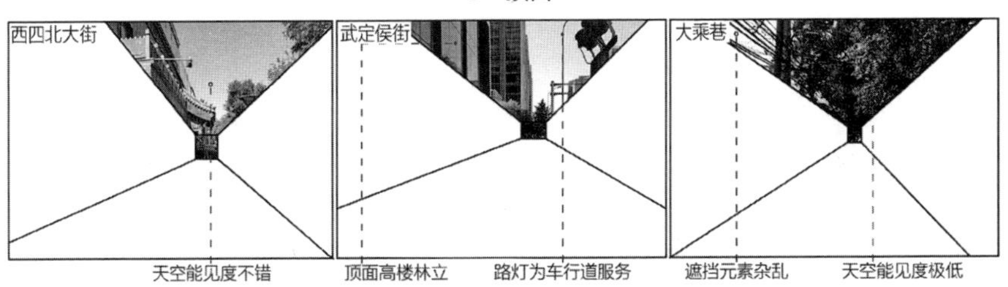
西四北大街
武定侯街
大乘巷
天空能见度不错
顶面高楼林立
路灯为车行道服务
遮挡元素杂乱
天空能见度极低

d 建筑面

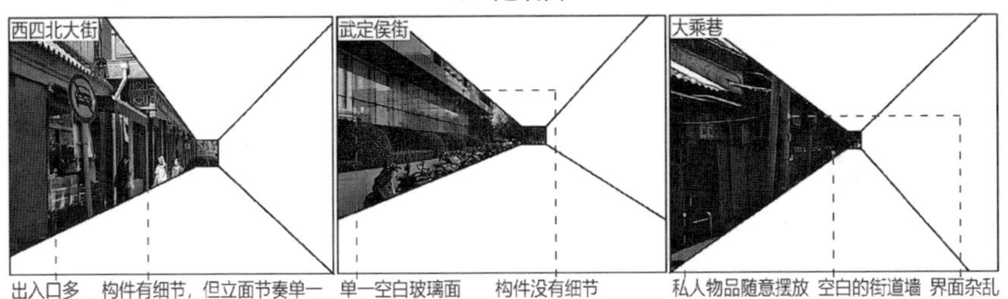
西四北大街
武定侯街
大乘巷
出入口多
构件有细节，但立面节奏单一
单一空白玻璃面
构件没有细节
私人物品随意摆放
空白的街道墙
界面杂乱

2. 街道面：安全感低的恐惧

本次调研显示，核心区内仅有16.7%的人行道在街道面一项得分中超过及格分5.4分。笔者发现普遍存在行道树排列不均匀、密度低以及引导元素不清晰的问题。

“西四北大街”段行道树排列紧密均匀，但是树木的位置过于远离人行道，遮阴效果不明显（图8-9b）。“武定侯街”段人行道缺乏行道树，由于该段相邻路侧车流量较大，稀疏的行道树并不能缓解持续交通噪声带来的心理不适。“大乘巷”段行道树数量稀少且极为不均匀，仅仅是院内的树冠部分覆盖到人行道空间。更糟糕的是，在部分种植行道树的胡同，人行道反而会被行道树占据其步行空间。

针对引导元素，笔者发现只有“武定侯街”段人行道的标志牌具有引导能力，类似于区域地图，能清晰的标识出当前所在位置以及该街区其他重要建筑的位置，引导行人目的明确地步行。其他两条路段的标志牌皆为警告类，并不具备引导功能。

综上，目前规划不佳的标志牌和行道树会影响街道面的引导和可持续性，是影响行人心理健康的主要因素。

3. 顶面：天空与照明不足的憋闷

本次调研显示，核心区内仅有36.7%的人行道在“顶面”这一项超过及格分3分。笔者发现人行道空间顶面普遍存在天空能见度低，照明强度不够的问题。

“西四北大街”段空间顶面部分，建筑墙高度适宜同时树冠面积均匀，天空能见度较好（图8-9c）。“武定侯街”段高层建筑上部填满空间顶面，而高层建筑带给行人很多心理压力。“大乘巷”段空间顶面表现最差。杂乱的电线杆、建筑檐口、一些外挂设备和枝丫蓬乱的树冠几乎完全遮蔽天空。既破坏人行道空间环境氛围，也严重影响居民心理健康。

针对路灯照明，笔者发现大多数路灯都为车行交通服务。如“武定侯街”段，其路灯距离地面较高且朝向车行道。专门为人行道服务的路灯数量较少，通常出现在商业路段。例如“西四北大街”段底层为商业店铺，该处路灯尺度近人。而且夜间配合建筑侧店铺灯光，给人行道带来足够照明。“大乘巷段”路灯附属在电线杆上，虽然距离地面比较近，但是其照度不强且会被众多杂乱元素遮挡，所以效果不佳。

综上，空间顶面天空能见度低以及照明强度不足，是首都功能核心区人行道空间顶面影响心理健康的主要因素。

4. 建筑面：互动缺乏的迷失

本次调研显示，竟无一条人行道在建筑面这项得分超过及格分7.2分。笔者发现人行道空间建筑面普遍存在尺度过大，透明度过低，围合感不强的问题。

西四北大街底层为商业店铺，界面连续，透明度比较高；建筑构件细节丰富，尺度宜人，但缺少立面的垂直节奏，一大段界面被同一个店铺占据（图8-9d）。同时由于该段街道侧行道树距离过远，反而导致其围合感不强。武定侯街建筑面底层虽然为一排透明玻璃，但其内部仍然用窗幕遮挡，反而削弱了透明度；该段建筑多为高层建筑，体量巨大且无符合人体尺度的建筑细节。反倒是界面种植的绿化在一定程度上缓解了此情况；同时该段建筑之间空隙明显，较高的楼层也未能后退，使较低楼层形成一堵街墙，因此围合感不强。大乘巷处缺乏建筑细节：过多杂乱元素如电线杆、空调外机或者私人物品充斥界面；缺少门窗洞口，伴有一长段空白的院墙导致其透明度极低；由于该段为胡同类人行道，其两侧皆为建筑墙体，纵使该段围合感表现尚可，因另外两个品质不佳同样影响其步行环境。

综上，设计品质低下、缺乏互动交流的建筑面非常影响行人步行体验，并由此导致步行意愿的降低，同时产生迷失、压抑的心理感受，这是首都功能核心区人行道空间建筑面影响居民心理健康的主要因素。

四、结论

心理学和建筑学的交叉学科领域中，已经涌现了许多步行空间影响心理健康的基础理论成果。笔者从路侧人行道这一最主要的步行空间入手，根据行人的视角将“人行道空间”分为4个界面，并在荟萃分析相关理论成果的基础上编制了针对行人心理健康的调研《项目清单》。本次研究站在当代这一历史断面，针对北京首都功能核心区，将人行道空间四界面的元素现状做了一个大致筛查。通过研查发现目前地面、街道面、建筑面和顶面各自在影响行人心理健康方面最重要的问题和元素。

针对本次调研所反映的首都功能核心区人行道空间具体现状问题，笔者提出以下建议：1）做好人行道空间地面的划分，设置街道设施区、步行区、建筑前区和绿化区等，遏止乱停乱放现象，保证人行道地面通行；2）充分利用街道面最重要的自然元素——行道树，并定期维护修缮，使其排列紧密有序，树冠繁密遮阴，特别在高楼林立的区域有计划设置行道树，有助于缓解行人的心理压力，做好人行道路线引导，设置具体的引导标志牌，清晰指引行人方向；3）顶面天空元素亦属于自然元素，利用行道树树冠作好合理分区，清理顶面其他各种杂乱元素，使天空能见度适宜，满足老城夜间照明氛围的同时，可适当增加专门为人行道服务的路灯数量和照度，增加行人的安全感；4）在老城风貌要求的前提下，尽可能增加建筑细节，例如允许商业店铺的招牌可以有适当的变化，在不影响通行的前提下，允许一部分商品小摊放置在店铺前面。在以后的研究中，将从本次研查发现的重点问题入手，通过更进一步的实验，量化某个具体元素品质和心理健康的关系。

案例

3

理论

思辨

健康建筑学教学探索：“健康城市与建筑设计”课程建设[①]

一、需求：平非结合与健康建筑学教育

“城市空间”与“人类健康”的关系是建筑学永恒的话题，从柯布西耶的建筑五要素到当代城市规划学的诞生，都反映了建筑师对“健康”的思考。19世纪肆虐的传染病催生了现代意义上的城市规划学科，也推动了现代主义的发展。而从20世纪80年代开始，现代主义的失败和城市化导致的种种大城市流行疾病也引起了建筑学专业人员的反思。2020年，新冠肺炎病毒（COVID–19）在世界范围内肆虐，给全人类带来无以计量的损失和悲剧。城市作为当代人类聚居的主要形式，再一次经受着考验。

营造健康的建筑与城市空间，不能仅仅着眼于医院等少量建筑类型。当代城市居民每日接触的居住、工作、活动、休闲空间更需要健康设计的考量。“健康”与“可持续”一样，既是建筑、城市设计的基础要求，又是当代建筑师和城市管理者不可回避的话题。

在这样的背景下，2016年起，北京建筑大学建筑与城市规划学院开设了“健康视角下的城市规划与建筑设计”理论课程。课程作为建筑学、建筑学城市设计方向选修课设立，适合建筑学、

① 原载于《2020建筑教育国际学术研讨会暨全国高等学校建筑学专业院长系主任大会论文集》.

城乡规划学、风景园林学和其他专业学生选修。课程设置为1学分、16学时，旨在将健康城市设计与建筑设计的历史、理论与实践、策略纳入建筑学人才培养课程体系中，至今已有6年的探索。

课程从19世纪传染病肆虐催生现代城市规划与现代建筑讲起，以历史发展脉络、当代理论框架和健康设计方法为逻辑线索，串联课程体系。力求历史梳理与当代问题结合，前沿理论与最新案例结合，机制方法与生动素材结合，课堂讲解与实地调研结合。

二、综述：以美国BEPHC课程为例

在国内建筑学教学体系中，对于某些"提供健康服务的建筑"例如医院、疗养院的设计理论和实践已有大量课程。而面向整个建筑学甚至人居环境的健康设计理论与实践课程，在国内还处在初步探索阶段。作者在耶鲁大学访学期间，研究了美国的健康建筑学课程设置和双学位体系，并拜访了大量相关专家。在健康城市相关理论教育中有两位当之无愧的领军人物—妮莎·博奇韦（Nisha D. Botchwey）和拉塞尔·洛佩兹（Russell Lopez），他们联合开设了"城市建筑空间与公共卫生"课程（Built Environment + Public Health Curriculum，以下简称BEPHC）。这两位教授都同时拥有公共卫生和城市规划的双重教育研究背景。博奇韦教授曾获得宾西法尼亚大学城市规划硕士和博士及弗吉尼亚大学公共卫生硕士的双重学位，现任教于弗吉尼亚大学建筑学院。2006年美国公共卫生协会（APHA）第134届年会将"城市建筑空间健康交叉学科教育"列为讨论议题之一。博奇韦教授与洛佩兹教授在会上发表了关于"城市建筑空间与公共卫生交叉学科教育"的报告。在推出BEPHC课

程之前，已经有一些院校在教学中开始引入城市空间与疾病和健康关系的理论知识，但大部分都是采用跨学科选课或者在本学科的课程教育中加入另一学科讲座等形式。少数课程明确注重教授如何通过空间设计减少患病。两位教授根据2007年的调研，通过对公共卫生与城市空间理论的教授和研究人员的采访，并使用网络搜索引擎搜索和排序，发现了当时已经存在的11项相关课程。其中有5门课程仅能使学生了解另外一个学科的主要思想和基础问题，但并不能帮助他们有针对性的就两个学科交叉的部分展开研究，因此并不算真正意义上的交叉学科课程（表9-1）[①]。博奇韦和佩罗兹对另外6门课程进行了分析和研究，并由此奠定了BEPHC网络课程的构架基础。

① BOTCHWEY N D, HOBSON S E, DANNENBERG A L. A model curriculum for a course on the built environment and public health: training for an interdisciplinary workforce[J]. American journal of preventive medicine, 2009, 36(2): 63-71.

BEPHC课程及内容　　表9-1

单元	学习目标
1单元 公共卫生与城市规划基础 （2周）	基础知识 了解公共卫生和城市规划历史、演化、当前重要事件。历史上和当代公共卫生与城市规划关系理论
2单元 自然与城市建筑空间关系 （6周）	应用能力 了解城市建筑空间模式。了解社会学家、人类学家、公共卫生专家、城市规划师和建筑师的研究方法
3单元 弱势人群和健康差异 （3周）	人类尺度 了解自己，理解不同人群的社会环境、文化背景和健康状况 情感关怀 基于整个学期的学习了解新的情感感受、利益和价值观念
4单元 健康政策与全球影响 （3周）	学习方法 提升识别发现问题和调动社区参与的能力，运用批判的思维方法并运用城市规划和公共卫生研究的经验教训解决当前和未来的问题
最终评估	联系整合 整合现有的证据，总结影响健康的城市建筑空间因素，包括从其他课程和个人经验中获得的信息

2009年开始，博奇韦教授搭建了BEPHC网络课程。该课程体系主要包括4个单元："1）公共卫生与城市规划基础、2）自然与城市建筑空间关系、3）弱势人群和健康差异、4）健康政策与全球影响"。

4个单元的教学内容贯穿了美国知名教育家芬克（L. Dee Fink）博士在2003年提出的高等教育六大主题，包括"基础知识、应用能力、人类尺度、情感关怀、学习方法和联系整合"。博奇韦教授认为健康与城市建筑空间相关课程应该强调"改革性学习"即强调通过学习改变学生的思维和解决问题的方法，而不是只讲述事实。BEPHC的课程不仅包含讨论议题、课后阅读和论文作业，也包括案例教学和基于社区健康设计的实际项目作业。希望通过课程锻炼学生一系列的能力，包括用于创造健康空间的科学知识、艺术和实践方法。这一网络课程完全免费，并可供多个相关专业的学生根据自己的专业知识背景、自身强项和短板有选择有重点地学习，博奇韦教授认为这才是真正的健康空间交叉学科课程。博奇韦教授在授课过程中吸取了建筑学教育中的"学徒""设计课"思路，并纳入了公共卫生中数据分析的相关科学方法和社会学研究中的"照片之声"（Photo-Voice）等研究方法。洛佩兹教授还在2012年编撰了用于BEPHC课程的教材。①

三、"健康城市与建筑设计"课程建设

2016年，北京建筑大学拟开设健康设计相关课程。笔者的研究领域是防病城市

① LOPEZ R. The Built Environment and Public Health[M]. San Francisco: Wiley Imprint, 2012.

设计，注重研究中国城市与美国和欧洲国家城市在流行病、城市空间和建筑空间问题上的异同。在系统研究BEPHC课程大纲后，结合笔者本人的研究，出版了相关专著《城市易致病空间理论》①。并在此基础上开设了“健康城市与建筑设计”研究生研讨课和本科理论选修课。

“健康城市与建筑设计”作为一门主要面向建筑学和建筑学城市设计方向学生的理论选修课，与BEPHC有几个不同。

一是“理论建筑化”。作者结合自身的科研成果，淡化多学科交叉的健康城市理论中政策、经济、法规等部分，聚焦“建筑学与健康的关系”，更适合建筑学方向的学生学习。

二是“研讨空间化”。笔者将课程的研查和作业设置为对某一具体街区的量表绘制和健康评分，尽量使学生在学习完本课程后具备一定的“健康影响评估”和“健康设计策略”基础（图9–1）。

三是“问题中国化”。笔者在课程中

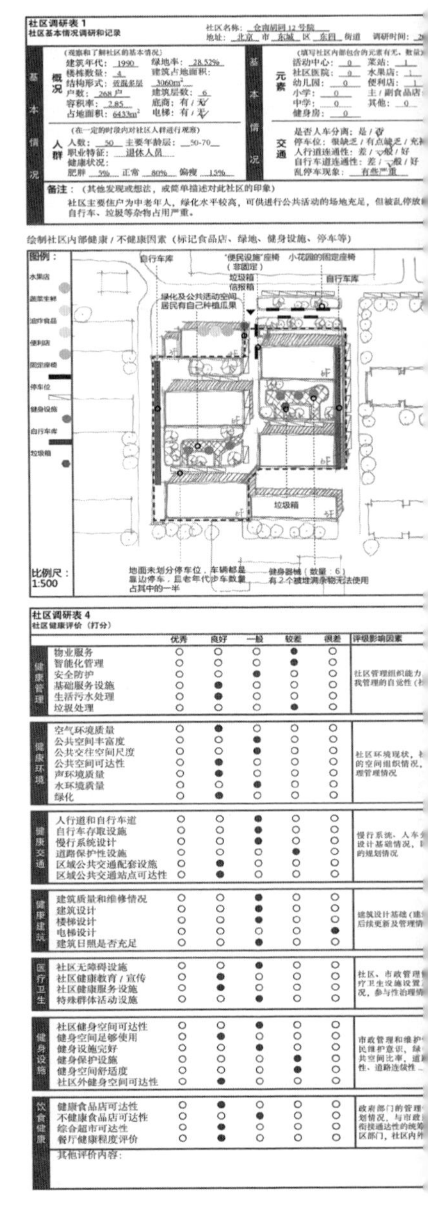

社区调研表 1
社区基本情况调研和记录
社区名称：仓南胡同12号院
地址：北京 市 东城 区 东四 街道 调研时间：

基本情况
概况（观察和了解社区的基本情况）
建筑年代：1990 绿地率：28.52%
楼栋数量：4 建筑占地面积：3060m²
结构形式：砖混多层
户数：268户 建筑层数：6
容积率：2.85 底商：有 / 无
占地面积：6433m² 电梯：有 / 无
人群（在一定的时段内对社区人群进行观察）
人数：50 主要年龄层：50-70
职业特征：退休人员
健康状况：
肥胖 5% 正常 80% 偏瘦 15%

基本情况
元素（填写社区内部包含的元素有无，数量）
活动中心：0 菜站：1
社区医院：0 水果店：1
幼儿园：0 便利店：1
小学：0 主 / 副食品店
中学：0 其他：0
健身房：0
交通
是否人车分离：是 / 否
停车位：很缺乏 / 有点缺乏 / 充
人行道连通性：差 / 一般 / 好
自行车道连通性：差 / 一般 / 好
乱停车现象：有些严重

备注：（其他发现或想法，或简单描述对此社区的印象）
社区主要住户为中老年人，绿化水平较高，可供进行公共活动的场地充足，但被乱停放
自行车、垃圾等杂物占用严重。

绘制社区内部健康 / 不健康因素（标记食品店、绿地、健身设施、停车等）

社区调研表 4
社区健康评价（打分）

		优秀	良好	一般	较差	很差	评级影响因素
健康管理	物业服务	○	○	○	●	○	社区管理组织能力，我管理的自觉性（社
	智能化管理	○	○	○	●	○	
	安全防护	○	○	●	○	○	
	基础服务设施	○	●	○	○	○	
	生活污水处理	○	●	○	○	○	
	垃圾处理	○	○	○	●	○	
健康环境	空气环境质量	○	●	○	○	○	社区环境现状，的空间组织情况，理管理情况
	公共空间丰富度	○	○	●	○	○	
	公共交往空间尺度	○	○	●	○	○	
	公共空间可达性	○	●	○	○	○	
	声环境质量	○	●	○	○	○	
	水环境质量	○	○	●	○	○	
	绿化	○	●	○	○	○	
健康交通	人行道和自行车道	○	○	●	○	○	慢行系统、人车设计基础情况，的规划情况
	自行车存取设施	○	○	●	○	○	
	慢行系统设计	○	○	●	○	○	
	道路保护性设施	○	○	○	●	○	
	区域公共交通配套设施	○	●	○	○	○	
	区域公共交通站点可达性	○	●	○	○	○	
健康建筑	建筑质量和维修情况	○	○	●	○	○	建筑设计基础（建后续更新及管理情
	建筑设计	○	○	●	○	○	
	楼梯设计	○	○	●	○	○	
	电梯设计	○	○	○	○	●	
	建筑日照是否充足	○	○	●	○	○	
医疗卫生	社区无障碍设施	○	○	●	○	○	社区、市政管理疗卫生设施设置况，参与性治理情
	社区健康教育 / 宣传	○	●	○	○	○	
	社区健康服务设施	○	●	○	○	○	
	特殊群体活动设施	○	○	●	○	○	
健身设施	社区健身空间可达性	○	○	●	○	○	市政管理和维护民维护意识、绿共空间比率，道性、道路连续性…
	健身空间足够使用	○	●	○	○	○	
	健身设施完好	○	○	●	○	○	
	健身保护设施	○	○	○	●	○	
	健身空间舒适度	○	○	○	●	○	
	社区外健身空间可达性	○	●	○	○	○	
饮食健康	健康食品店可达性	○	●	○	○	○	政府部门的管理划情况，与市政衔接通达性的统筹区部门，社区内外
	不健康食品店可达性	○	○	●	○	○	
	综合超市可达性	○	●	○	○	○	
	餐厅健康程度评价	○	●	○	○	○	
	其他评价内容：						

图9–1 《住区健康设计调研表》作业样例

① 李煜. 城市易致病空间理论[M]. 北京：中国建筑工业出版社，2016.

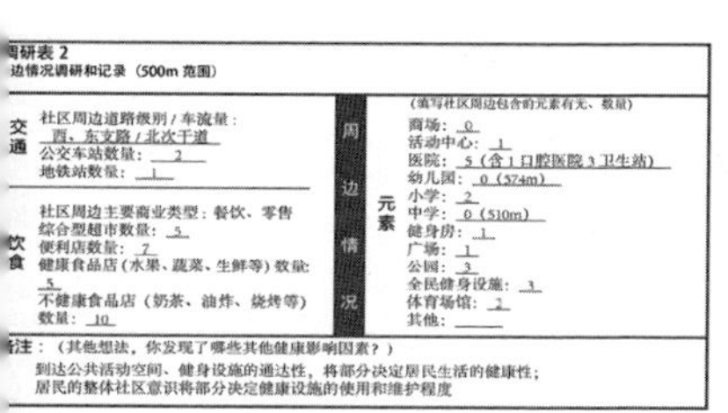

调研表 2
边情况调研和记录（500m 范围）

交通
社区周边道路级别 / 车流量：西、东支路 / 北次干道
公交车站数量：2
地铁站数量：1

饮食
社区周边主要商业类型：餐饮、零售
综合型超市数量：5
便利店数量：7
健康食品店（水果、蔬菜、生鲜等）数量：5
不健康食品店（奶茶、油炸、烧烤等）数量：10

周边情况 元素
（填写社区周边包含的元素有无、数量）
商场：0
活动中心：1
医院：5（含 1 口腔医院 3 卫生站）
幼儿园：0（574m）
小学：2
中学：0（510m）
健身房：1
广场：1
公园：3
全民健身设施：3
体育场馆：2
其他：

备注：（其他想法，你发现了哪些其他健康影响因素？）
到达公共活动空间、健身设施的通达性，将部分决定居民生活的健康性；
居民的整体社区意识将部分决定健康设施的使用和维护程度

区周边 500m 范围内健康 / 不健康因素（健康或不健康食品店、医院、超市、绿地、公园等）

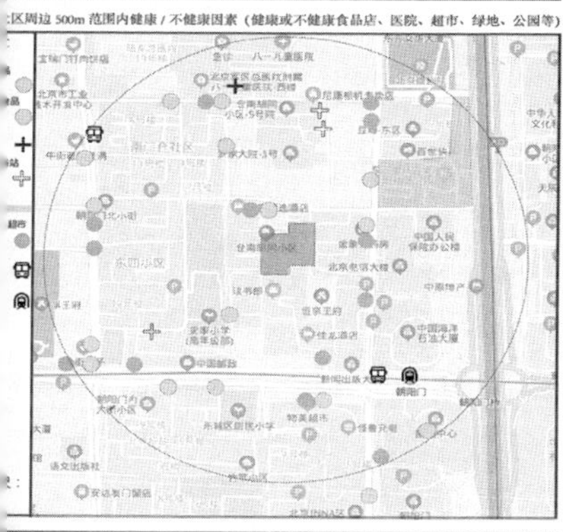

调研表 5
共空间健康影响因素

是否包含以下设施？据你的观察，这些设施够不够用？
或 X 并标明够用或不够）

活动场地 ×	13. 棋牌桌或其他桌椅 ✓被占用
器材 × 空闲	14. 社区农业场地 ×
品、雕塑、壁画等 ×	15. 屋顶花园 ×
艺术品 ×	16. 自行车棚或车库 ✓饱和
设施 ✓不足	17. 可进行太极、跳舞等 ✓不足 活动的场地
设施 ✓不足	18. 健康教育宣传栏 ✓
✓不足	19. 移动菜摊 ×
水 ×	20. 移动水果摊 ×
球场 ×	21. 水景 ×
地球场 ×	22. 泳池 ×
身步道 ×	23. 其他设施：信报箱、垃圾桶等
合老年人的活动设施 ✓空闲	

区内的一处公共空间并标注健康 / 不健康影响因素

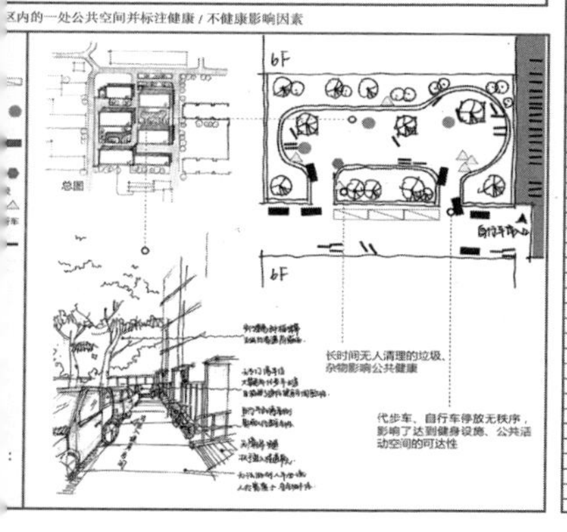

社区调研表 3
社区周边情况调研和记录（500m 范围）
（在店铺含有的品类位置打勾）

店铺名称	水果	蔬菜	其他生鲜	油炸食品	烧烤食品	含糖饮料	其他
[illegible]	✓	X	X	X	X	X	
[illegible]	X	X	X	✓	X	✓	
[illegible]	X	X	X	X	X	X	✓[illegible]
[illegible]	X	X	X	X	X	✓	
[illegible]	X	X	X	✓	X	X	
[illegible]	X	X	X	X	X	✓	
[illegible]	X	X	X	X	X	✓	✓[illegible]
[illegible]	X	X	X	X	X	✓	✓[illegible]
[illegible]	X	X	X	X	X	✓	
[illegible]	X	X	X	X	X	✓	✓[illegible]
[illegible]	X	X	X	X	X	✓	✓
[illegible]	X	X	X	X	X	✓	
[illegible]	X	X	X	X	X	✓	
[illegible]	X	X	X	✓	X	✓	✓[illegible]
[illegible]	X	X	X	X	X	✓	
[illegible]	X	X	X	✓	✓	✓	
[illegible]	X	✓	✓	X	X	✓	
[illegible]	X	X	X	✓	X	✓	✓[illegible]
[illegible]	✓	✓	✓	✓	X	✓	
[illegible]	✓	✓	✓	X	X	✓	
中国烟酒	X	X	X	X	X	✓	
[illegible]	X	X	✓	X	X	X	✓
[illegible]	X	X	X	✓	X	✓	
[illegible]	X	X	X	X	X	✓	
[illegible]	X	X	X	X	X	✓	
[illegible]	X	X	X	X	X	✓	
[illegible]	X	X	X	X	X	✓	✓[illegible]
[illegible]	X	X	X	X	X	✓	✓
[illegible]	X	X	X	X	X	✓	
[illegible]	X	X	X	✓	X	✓	
[illegible]	✓	✓	X	X	X	X	
[illegible]	✓	✓	✓	X	X	✓	
[illegible]	X	X	X	X	X	✓	
[illegible]	X	X	X	X	X	✓	
[illegible]	X	X	X	X	X	✓	
[illegible]	X	X	X	X	X	✓	✓[illegible]
[illegible]	X	✓	X	✓	X	✓	
[illegible]	X	X	X	X	X	✓	
[illegible]	X	X	X	X	X	✓	
[illegible]	X	X	X	✓	X	X	

社区调研表 3
社区周边情况调研和记录（500m 范围）
（在店铺含有的品类位置打勾）

店铺名称	水果	蔬菜	其他生鲜	油炸食品	烧烤食品	含糖饮料	其他

尽量将西方的理论和实践与中国城市、建筑和流行病学的实际问题结合，辩证地看待西方理论，试图与学生一起建立适合我国国情的健康设计实证和策略（表9-2、图9-2）。

具体而言，课程包括以下4个板块。

“健康城市与建筑设计”课程四大板块及内容 表9-2

单元	学习目标	讨论议题
1．健康城市导论 基本概念 公共卫生与建筑学三次结合历史与理论 （4学时）	**历史基础** 1．健康城市基本概念 2．空间-健康基本关系 3．健康城市历史溯源 4．健康城市当代发展	**“公共卫生”与“建筑学”三次结合** 第一次：19世纪末起 卫生“脏乱差”与传染病 第二次：20世纪末起 快速“城镇化”与慢性病 第三次：2020年起 城市“全球化”与大疫情
2．空间健康关系 空间与健康的三种关系 （6学时）	**核心理论** 1．空间-疾病基本概念 2．致病机制1： 空间影响生活方式 3．致病机制2： 空间引起心理刺激 4．致病机制3： 空间产生致病病原	**空间-健康 三种关系** 空间健康三种关系综述 1．日常行为致病 以肥胖等营养代谢疾病为例 2．社会心理致病 以抑郁等心理疾病为例 3．环境病原致病 以过敏和呼吸系统疾病为例
3．健康设计方法 弱势人群和健康差异 （4学时）	**方法策略** 1．健康数据“评估”空间状况 2．健康规划“预防”空间致病 3．健康设计“改良”城市空间 **教育培训** 1．交叉平台搭建 2．执业人员培训 3．院校学术教育	**全流程健康设计** 建立空间-健康数据库 数据补全/数据创设/交叉数据 添加健康影响评估HIA 亚特兰大/旧金山/费城① 提出专项规划设计导则② 纽约/波士顿/迈阿密/英国
4．量表量化研究 健康政策与全球影响 （8学时 课外）	**应用能力** HIA健康影响评估 实践 1．社区健康设计因素调研 2．健康影响因子评分Checklist	**量表评估** 《街区健康设计调研表》 《健康城市空间因子评分清单》
最终评估 （2学时）	**联系整合** 《健康北京 健康街区》 自主选择200m×200m街区，绘制调查表，评价评分，完成健康影响评估。整合现有的证据，总结影响健康的城市建筑空间因素	**最终作业** 量表绘制 清单评价 小论文与展示Seminar

注：① 李煜，王岳颐. 城市设计中健康影响评估（HIA）方法的应用——以亚特兰大公园链为例[J]. 城市设计，2016（6）：80-87.

② 李煜，朱文一. 纽约城市公共健康空间设计导则及其对北京的启示[J]. 世界建筑，2013（9）：130-133.

图9-2　课程seminar最终展示

（一）历史发展脉络：三次结合

这一部分主要讲述健康城市、健康建筑的基本概念，并帮助学生建立起相关的知识框架和历史脉络。本部分的学习重点是厘清空间和健康的双向影响关系，并了解历史上"公共卫生"与"建筑学"的3次结合。包括19世纪末起城市卫生"脏乱差"与传染病问题，20世纪末起快速"城镇化"与慢性病问题，并在新冠疫情暴发后纳入了城市"全球化"与大疫情平非结合的内容。

（二）当代理论发展：三种致病机理

这一部分是本课程的核心，讲述空间如何影响居民健康的问题，包括空间影响健康的3种主要途径，相关的疾病和空间致病机理，例如日常行为导致肥胖等营养代谢疾病，空间刺激源导致抑郁等心理疾病，环境病原导致传染病和慢性呼吸疾病等。学生将通过学习掌握几类不同的"易致病"空间因素，并理解健康城市的核心整治改良目标和内容。

（三）健康设计方法：量化、评估、导则

在这一部分中，应对空间引起的健康问题，介绍健康设计的全过程设计方法。包括建立“空间–健康”数据库并开展量化研究、在设计决策中引入健康影响评估（HIA）、并介绍了已有的健康专项规划设计导则。学生将初步掌握量化、策划评估和设计过程中的健康设计方法与策略。

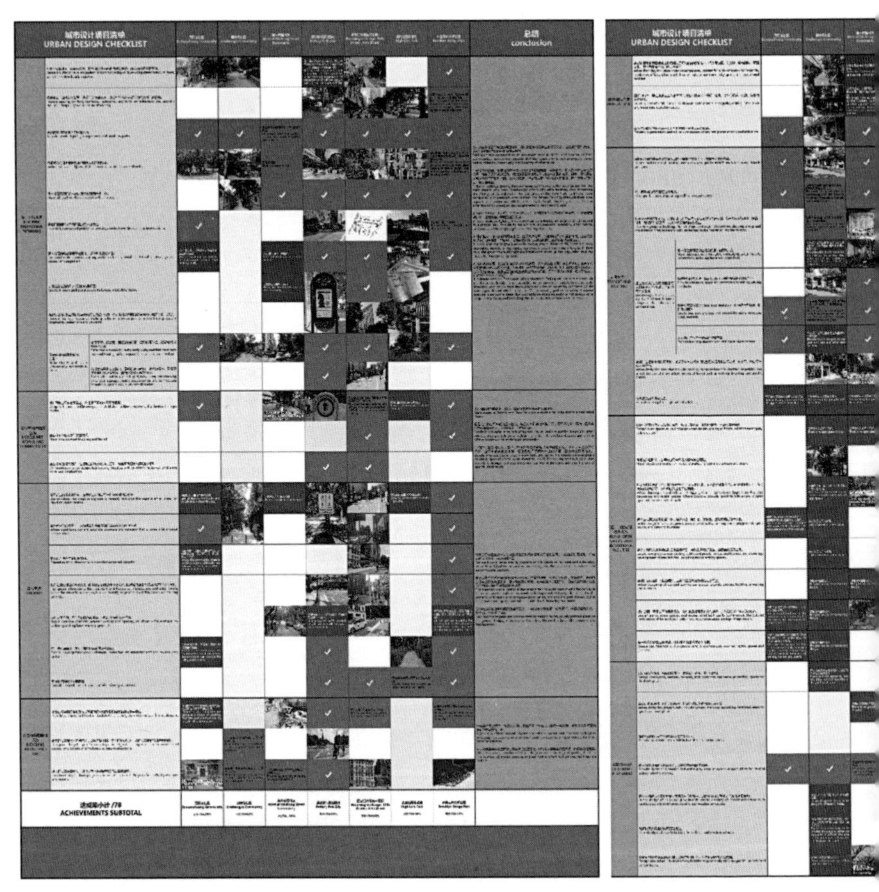

图9–3　北京、纽约健康街区评分与对比
（图片来源：潘奕绘制）

（四）量表量化研究：当代北京研查

课程除课内理论讲授外，要求学生在课外完成《健康北京 健康社区》研查作业。要求同学们在北京四环内选择200m × 200m街区，完成《街区健康设计调研表》和《健康城市空间因子评分清单》评分评价，并撰写简单论文与全班分享，初步掌握健康影响评估的相关知识和技能（图9–3、图9–4）。

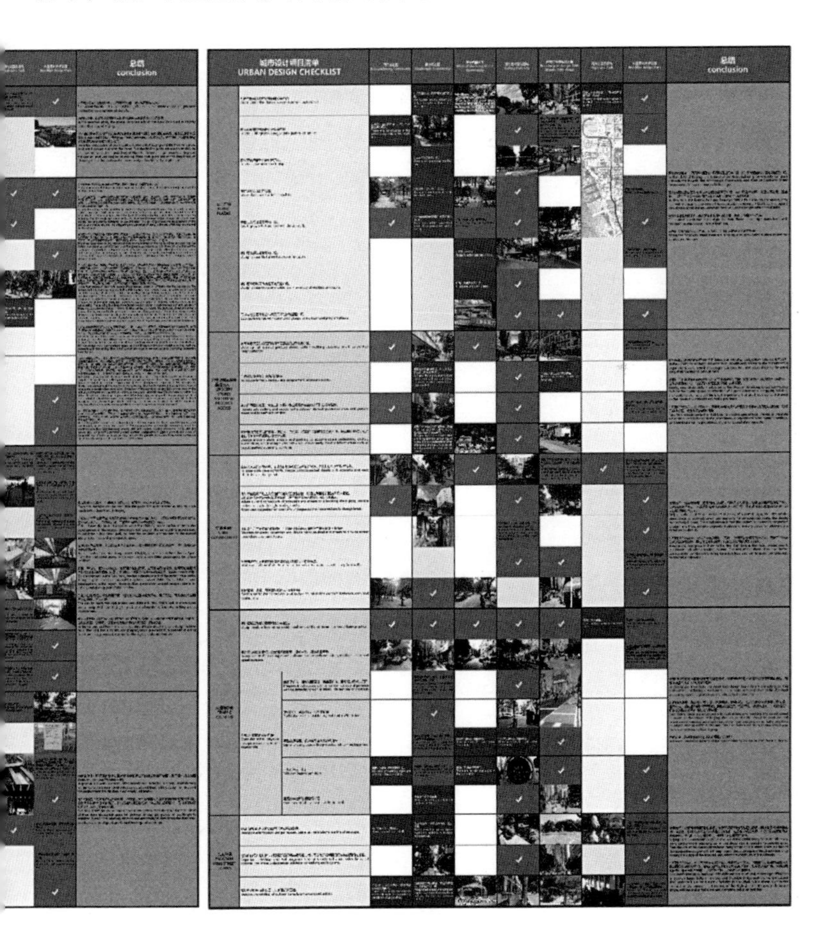

街道调研项目清单 | 健康城市设计

道路辐射 10-15 分钟步行距离范围内的城市光景

街道名称： 通惠北路

街道起点经度： 116°38'12"　**街道起点纬度：** 39°55'14"

街道终点经度： 116°38'14"　**街道终点纬度：** 39°54'46"

01. 用地功能混合度 (满分+8分)

- ☑ 目标地块内，用地功能多功能化（+2分）
- ○ 目标地块中，包括但不限于以下功能：（少于两项+0分，两项计+1分，每增加一项+0.2分，最多+3分）
  - ☑ 居住区
  - ☐ 办公楼
  - ☐ 教育机构
  - ☑ 零售商业餐饮
  - ☐ 艺术文化设施
  - ☑ 娱乐场所
  - ☐ 医疗机构
  - ☐ 政府机构
  - ☐ 其他：
- ○ 目标地块中，包括但不限于以下公共休闲场所：（少于两项+0分，两项计+1分，每增加一项+0.2分，最多+3分）
  - ☐ 公园
  - ☑ 步行专用道
  - ☐ 绿荫小路
  - ☐ 休闲广场
  - ☐ 水景或戏水设施
  - ☐ 户外餐饮
  - ☐ 其他：

02. 公共广场 (满分+8分)

- ○ 开放的公共广场临近人流密集的可步行道路（5 分钟步行路程范围内）。（+1分）
- ○ 广场邻近公交站点（2 分钟步行路程范围内）。（+1分）
- ○ 广场可以通行自行车。（+1分）
- ○ 从人行通道进入广场没有高差，不需要改变行人行走的水平高度。（+1分）
- ○ 广场有足够的空间，既可以协助私人密谈，也可以鼓励多人讨论交流。（+1分）
- ○ 有一些半室外或室内活动空间，使广场可在各种天气状况下使用。（+1分）
- ○ 广场能迎合多个年龄跨度和多种健康状况、身体状况的人。（+1分）
- ○ 有组织或机构或社会团体在维护和运营广场。（+1分）

03. 开放公园 (满分+8分)

- ○ 通往公园和公共空间的自行车和行人路线安全可见。（+1分）
- ○ 居民仅需步行 10 分钟即能到达开放公园。（+1分）
- ○ 公园的植物配置可以保证一年四季都有绿色景观。（+1分）
- ○ 公园的植物配置考虑了过敏和哮喘疾病患者。（+1分）
- ○ 公园有宠物散步的专用场地，或为宠物外出提供便利的辅助设施。（+1分）
- ○ 有私人绿地或私人园林，未经允许不得进入。（-1分）
- ○ 有一些半室外或室内活动空间，使公园可在各种天气状况下使用。（+1分）
- ○ 公园能迎合多个年龄跨度和多种健康状况、身体状况的人。（+1分）
- ○ 有组织、团体或个人赞助和维护公共绿地与花园。（+1分）

04. 娱乐设施和儿童游乐场所 (满分+12分)

- ○ 在公园或开放空间的设计中，包括但不限于以下可以鼓励市民出行的市政福利设施：（少于两项+0分，两项计+1分，每增加一项+0.2分，最多+2分）
  - ☐ 健身设施
  - ☐ 跑步道
  - ☐ 游乐场
  - ☐ 运动场
  - ☐ 自动饮水器
  - ☐ 公共厕所
  - ☐ 其他：
- ☑ 办公室和商业空间等附近具有健身设施或步行道。（+1分）
- ○ 公园、开阔空间和娱乐设施，能迎合多个
- ○ 有鼓励人们驻足停留的设施，如座椅等。
- ○ 有保持清洁、数量足够的垃圾桶。（+1分
- ○ 具有适合孩子玩耍的室外空间的庭院、花
- ○ 在游乐场中有经过设计的地面标志，指定
- ○ 户外活动区域的地形带有适于活动的高差
- ○ 提供灯光，以增加夜间活动的机会。（+
- ○ 目标地块范围内有学校，其体育活动设施
- ○ 视线隐蔽处含有提供公共安全保障的基础

05. 百货商店与餐饮 (满分+8分)

- ☑ 目标地块内具有菜市场或农贸市场。（+
- ☑ 目标地块内具有大型超市或者全种类百货
- ☑ 在所有居民区步行 10-15 分钟距离内会有
- ☑ 在所有居民区步行 10-15 分钟距离内会有
- ○ 餐饮店周围公共环境维护良好。（+1分）
- ○ 在人口稠密的地区、食杂店和农贸市场之
- ○ 商店或者市场的布局和停车可以使行人、
- ○ 提供基础设施，例如自行车停车场。（+

06. 交通与停车 (满分+10分)

- ☑ 目标地块位于城市公交线路上，并具有_
- ☑ 公交停靠站与各街道连通性良好。（+1分
- ☑ 规范的标识牌、公交站点地图等，目标志
- ○ 通过为公交站点增设服务行人的便利设施
  项每增加一项+0.5分，做多+5分）
  - ☐ 使人行道宽得足以让行人舒适，包括
  - ☐ 通过增加公交港湾为乘客提供更多的
  - ☑ 设置公交车候车亭，以保护用户免受
  - ☑ 为公共汽车候车亭提供座位或位置
  - ☐ 其他：
- ○ 目标地块的停车方式有助于鼓励更有活力
- ○ 可以为残疾人提供停车服务。（+1分）

07. 街道连通性 (满分+6分)

- ☑ 街道和人行道有良好的连接。（+1分）
- ○ 街块尺寸相对较小。（+1分）
- ○ 如果目前场地内有正在施工的建筑工地，
  供临时行人通道的措施。（+1分）
- ☑ 没有人行过街天桥及地下通道等会迫使行
- ○ 即使是在汽车无法通行的死胡同里也有行
- ☑ 有设计车道、坡道等减少车辆和行人之间

08. 交通稳静化 (满分+11分)

- ○ 调研道路为单车道、单行道或双向单车道
- ☑ 包含交通稳静化措施，设置诸如控制带、
- ○ 具有绿化隔离带，包括路中隔离带和路边
- ○ 道路规定车速低于 30km/h。（+1分）
- ☑ 位于车流前方的道路出入口处有明显的指
- ○ 具有其他的物理设计措施，例如：（表单
  - ☐ 使水平转向，譬如调整弯道；使垂直
  - ☑ 调整交通信号并保护等待左转弯的机动

\- 01 -

图9-4 《健康城市空间因子评分清单》作业样例

(+1分)

…。(+1分)

…用区域。(+1分)

…的时间允许公众使用。(+1分)

…装置。(+1分)

…)

…)

…行和自行车路线。(+1分)

…卡车装载安全而方便。(+1分)

…站。(一个公交站+0.5分，多于一个公交站则+1分)

…公交系统的措施：(表单内提出每项+1分，其他

…步行、骑自行车和公共交通。(+1分)

…道的连通性较差，为此采取了通过现有的街区提

…平高度的过街措施。(+1分)

…道路可供通行。(+1分)

+1分)

…减速带等。(+1分)

…)

(+1分)

…其他项每增加一项+0.5分，做多+6分)

…式交叉口

- □ "礼让行人"标识
- □ "禁止鸣笛"标识
- □ 潮汐车道
- □ 其他：

09. 自行车道网络及其基础设施 (满分+11分)

- ☑ 有自行车专用道，甚至是双向自行车道。(+1分)
- ☑ 街上的标记或标志可以在视觉上加强自行车和汽车领域的分离。(+1分)
- ☑ 从物理上划分出单独的自行车道和机动车道的设施，比如绿化隔离带。(+1分)
- ○ 特别注意处理自行车道交叉口和其他点的街道形态的变化，可以减轻潜在的能见度问题和转弯冲突。(+1分)
- ○ 有避免骑车人与开车门之间的潜在冲突的措施，例如适当的拓宽停车道。(+1分)
- ○ 自行车道具有一个连续不断的骨干网络通路。(+1分)
- ○ 使自行车和公交不相互冲突。(+1分)
- ☑ 有市政公共自行车的停靠点。(+1分)
- ○ 有足够的自行车停车空间和设施。(+1分)
- ○ 有自行车专用路口和信号，以便在繁忙的十字路口组织行人、骑自行车者和驾车者的活动。(+1分)
- ☑ 对共享单车有一定的应对和管理。(+1分)

10. 人行通道 (满分+14分)

- ☑ 与机动车道间有缓冲区，用街道家具、树木和其他人行道基础设施隔开行人和移动中的车辆。(+1分)
- ○ 包括但不限于以下可以支持行人行走频率和持续时间的提升的基础设施：(少于两项+0分，两项计+1分，每增加一项+0.2分，最多+2分)
  - ☑ 座位　　□ 自动饮水装置
  - □ 零售　　□ 公共厕所
  - □ 其他：
- ○ 人行道与人行道、车行道之间有良好连接。(+1分)
- ☑ 提供街道和室外道路的外部照明。(+1分)
- ☑ 人行道宽度符合调研地块行人需要使用的宽度。(+1分)
- ○ 在道口区间和交叉路口行人过路处有所延展。(+1分)
- ☑ 街道和人行道上包括树木以及其他有视觉趣味的物体。(+1分)
- ○ 有地图、标志物等，便于行人推测目标地块中的行走路径。(+1分)
- ○ 包括但不限于以下使街道和道路处处通行的措施(表单内提出每项+1分，其他项每增加一项+0.5分，做多+5分)
  - □ 道路平坦，足够宽，有足够的转弯半径和转弯半径，足够轮椅或步行者使用。
  - ☑ 有听觉信号的交叉路口
  - □ 足够的穿越时间
  - ☑ 清晰的标志、看得见的坡道以及联通步行、骑自行车和公共交通线路。
  - □ 其他：

11. 规划街景 (满分+4分)

- ○ 包含临时的和永久性的公共艺术设施。(+0.5分)
- ○ 创建可定位道路和人行道的有趣视图。(+0.5分)
- ○ 组织面向行人的活动项目，如慈善步行街和封闭车辆街道，可以为步行和骑自行车提供宽阔的通道。(+0.5分)
- ☑ 增加临街商铺的种类和数目，以加强街头活动。(+0.5分)
- ○ 在主要交叉路口有指示装置，指示内容包括但不限于以下项：(少于两项+0分，两项计+1分，每增加一项+0.2分，最多+2分)
  - □ 地图　　□ 距离
  - □ 时间　　□ 路径
  - □ 步行至下一目标会消耗的卡路里　　☑ 标志性建筑物和开放场所
  - □ 其他：

总计：30.2分/100分
评级：F

(X≥90分为S级，90>X≥80分为A级，80>X≥60分为B级，60>X≥35分为C级，X<35为F级)

四、结语

健康作为建筑学永恒的议题，在当代全球化和疫情的滤镜下，再一次引起了建筑学的反思。在建筑学人才的培养中引入“平非结合”的思路，不局限于医院等健康服务建筑，而是培养学生具有健康建筑学的视野。本课程经过五年的探索，形成了一些可供研讨的思路和成果，希望能为建筑学人才培养体系完善提供补充。

空间多义性视角下与健康建筑：专访庄惟敏院士[①]

2020年5月6日，李煜、徐跃家、刘平浩代表《建筑创作》编辑部采访了中国工程院院士、清华大学建筑设计研究院院长庄惟敏。采访围绕“后疫情时代的建筑学会何去何从”的主题展开，从实践、学术和相关政策角度梳理了新冠疫情带给建筑界的思考。以下以“编”代表《建筑创作》编辑部的提问，以“庄”代表庄惟敏院士的回答。

编：新冠疫情给我们的城市带来了前所未有的冲击，从建筑学的角度出发，您认为我们之前几十年的建筑创作和城市建设，有哪些需要反思的地方？这种思考，可能不局限于医疗建筑，也包括更普遍的住宅和公共建筑。

庄：即使不考虑疫情，我们都应该认真回顾几十年来的城市发展和建筑创作。改革开放以后，城镇化进程快速推进，城市建设和建筑创作经历了高速发展，已经形成了一个前所未有的建筑设计市场。今天的城市已经被各种各样的建筑、人工环境塞得越来越满。在这种情况下，如何面对和反思我们的城市是非常值得研究的。一方面建筑评论界可能对这个问题早就有关注，另一方面建

① 原载于《建筑创作》2020年第4期23-25页《专访庄惟敏》。作者：李煜，徐跃家，刘平浩.

筑师主体也有不少的反思过程，我就谈谈自己的一点看法。

我国改革开放前的城市建设，可以说是一种相对贫乏或相对缺乏多样化的状态，而改革开放一下子打开了建筑师的视野，使建筑师看到了全球范围内先进的城市发展和建设经验。所以在那个时候，建筑师群体一下子就有了拼命将我们的城市环境变得更加现代化、更加具有形式感、更加具有表征性的诉求。在那之后相当长的一段时间里，人们对城市形态、城市空间的关注点几乎都放在形式上，希望在短时间内尽快地赶上西方国家城市建设的步伐。有些甲方或领导甚至明确要求——“新的建筑要让我眼睛一亮”。每个城市都在做城市主轴线、制高点、标志物，城市面貌的巨大改观似乎成了城市建设的最大成就。即便在今天，仍有不少城市管理者认为我们脱贫了，可以开始现代化建设了，城市的人工环境需要焕然一新。

短时间内的高速城镇化，使人们自然而然地把注意力聚焦在建筑使用功能之外的建筑形式和城市风貌上。当这些形式对城市建设起到决定性甚至标志性作用时，大家就会将城市建设的成果和人们日常使用的需求割裂开来，使建筑更加泛意识形态化。人们赋予建筑太多的意义，但缺乏对建筑功能的人性化思考。从另外一个角度来讲，这种高速发展的城镇化和城市建设，也是一种政治性的产物，很多的城市执政者和管理者把城市形象转化成了政绩标本。我个人觉得这些现象都值得我们去反思。

新冠疫情让大家越来越多地思考，人对建筑和城市环境的使用到底意味着什么？城市建筑的表征性和它的功能孰轻孰重？考虑人的行为一定会忽略建筑的形式吗？疫情给我们带来的最大反思，其实就在这里，“以人为本”这个问题正在变得更加关键。

编：健康问题在今后会成为建筑学一个不可忽视的板块。从个人行为或者需求来说，您认为在疫情稳定之后，居民对于健康空间会有哪些新的要求？

庄："居民对健康空间的要求"这个提法可能比较笼统，因为居民作为使用主体，可能会按照自己的生活习惯提出各种各样的需求。"健康城市"或者"健康建筑"就会成为未来建筑学里非常重要的一个板块，但是"健康建筑"本身并不是一个完整科学的定义，也不太可能成为一种独立的建筑类型。就像绿色建筑在实践中表现为一个指标体系，包含了所有建筑都要考虑的节能、生态问题。健康建筑也一样，指的是在更广的领域里关注人们的生理和心理感受，不局限于建筑本身。

第一个问题是人的生活习惯会发生变化，会影响城市空间和建筑。因此，生活习惯可能成为一个比较关键的、建筑师必须研究的因素。人的生活习惯、生活模式、栖息场所是建筑学最本源的问题。对生活模式的研究早就存在，特别是现代主义出现之后，形成了以人为中心的空间形制。第二次世界大战以后，这种倾向迅速发展，环境行为学就是众多活跃的理论方向之一。环境行为学研究的就是人们的心理、生理、行为和环境之间的互动关系，尤其是人在城市里的行为状态，以此来进一步研究城市空间的使用、城市土地的划分等。在我国的建筑学科体系里，也有对人类聚居习惯和内在机理的相关研究，吴良镛先生提出来的"人居环境科学"就是要建立一种以"人与环境的协调"为中心，以居住环境为研究对象的新科学体系，就是在人类生活习惯、历史文脉传承的大背景下来研究建筑学，发展建筑学。

疫情之后，人的行为模式肯定会发生变化，比如人与人之间要保持必要的社交距离是多少？在一个公共广场上，大家最愿意坐在、停留在哪些地方？公共座椅到底应该设计成什么形式？这些问题的答案在疫情之后都有可能发生改变。

第二个问题是领域性。占据和维持一定的空间是动物和人的一项基本需求，最明显的表现就是在公共场合中不同的团体会划分出各自的区域，公众空间中每一个人会下意识地划定自己的领域。开放社区是领域性在现实空间中的反映。疫情发生之后，领域性也发生了细致、深刻的变化。

疫情下产生的第二个变化是所谓的“不在场”，建筑师对这个概念通常比较陌生，因为我们长期以来都在研究实体空间和人之间的互动。但在疫情之下，很多事情在“不在场”的情况下，通过线上的方式发生。比如大英博物馆、国家图书馆等机构都借助虚拟VR技术发起了线上阅读和观展活动。当人们不再和实体空间互动，空间形态会产生怎样的变化？虚拟技术能不能取代实体空间的体验呢？这对于建筑师而言是很大的挑战，也是疫情带给建筑学的思考。

第三个问题关于空间的多义性。建筑的多义性在古典主义建筑中就存在，比如教堂除了举行祈祷、弥撒等宗教活动之外，还具有很强的精神色彩和象征意义。很多当代建筑师都在尝试设计多义空间，为人们越来越丰富的行为模式提供场所。如伊东丰雄的日本仙台媒体中心、SANNA（妹岛和世与西泽立卫）的瑞士劳力士学习中心等，这些没有隔墙的空间完全开敞，通过家具的灵活布置形成不同的空间氛围，消除空间的边界，赋予空间多种意义。空间的多义性也与“城市韧性”相关联。通常我们对“城市韧性”的理解是城市在面临自然灾害时，可以较快地恢复正常状态的能力。但我所说的“建筑韧性”是城市空间的多义性，是能够和建筑相对应的。如果城市空间能够适应各种变化，建筑就可以被持续地、长久地使用下去，建筑创作就带有了多义性和韧性的特征，实现混合使用功能。

编：您刚才谈到了空间的多义性和混合使用，疫情期间很多公共建筑被作为方舱医院来使用，您也在第一时间到武汉去作了关于方舱医院使用后的评估工作。在后疫情的时代，前策划后评估会有什么样的扩展？会在建筑学发展里边扮演什么样的角色？

庄：疫情稳定后，我们要从学科建设的角度看待建筑和城市的发展。人类社会发展到今天，所有人工建成环境的完善与革新都源于对前人经验的总结，今天的建筑和城市比以往任何时代都更有优越性。13、14世纪黑死病肆虐欧洲，造成2500多万人丧生，当时人畜共生、垃圾横流，城市生活是黑暗的，对其的反思与革命，人类社会迎来了文艺复兴。在文艺复兴阶段，建筑师和规划师在文化层面上强调大型城市公共建筑的重要性，提倡整治街道，将“通风、采光、坚实、耐用”作为建筑设计的原则。文艺复兴以后的城市，建立在对中世纪城市的反思和彻底否定之上，是文艺复兴运动在城市和建筑上留下的财富。

忽视历史的经验教训，会阻碍我们今天的进步。建成环境前策划后评估的概念，就是建立在这样的一个基础之上。目前在建筑上出现的许多问题，从短命拆除、定位夸张，到体量超大、能效低下等，其根本的原因在于设计决策上的问题，对建筑形式和经济问题关注过多，忽略了设计决策的科学性。

2016年《中共中央 国务院关于进一步加强城市规划建设管理工作的若干意见》明确提出要加强设计管理和水平，建立重大公共建筑设计后评估制度。政府工作报告中也提出，数据库的建立应该作为国家战略决策的基础储备。城市建设和建筑设计要建立数据库，对数据库的研读和分析是改进和提升城市现状的基础，在前人经验之上做出更好的东西，是前策划后评估最重要的意义。从另外一个层面出发，数据库本身也是国家的战略储备。今年的疫情让我们对这一点有了更深刻的认识。比如说海鲜市场在城市里是一个特殊的空间，很多情况下占用了城市的灰地，稍加改造后形成临时性市场。这样一个空间的高度、人员密度和平均面积该如何定义？人流要不要控制？自然通风、采光、上下水系统是否齐备？很多问题之前都没有思考过，但有些相关数据是客观存在的。在数据不公开的前提下，靠想象来进行设计很容易出问题。

2020年4月27日，住房和城乡建设部和国家发展改革委联合颁布了《关于进一步加强城市建设风貌管理的通知》，清华大学的团队也参与到这项政策的基础研究工作中。

通知明确提出三点要求。

第一点是明确城市与建筑风貌管理的重点，包括超大体量的公共建筑、超高层地标建筑和重点地段的建筑。这些都是疫情之后城市建设工作的关键点。

第二点是要改善城市建筑风貌的制度管理。很多学者都认为中国抗疫的巨大成就是制度的成果。在封闭状态下，整个社会的居民组织体系保证了社区的各项公共事务正常运转。我国城市在“文革”以前施行“厂居合一”的居住模式，随之而来产生了大院文化。居住区随工厂而建，居民大多是一个单位的员工，社区居民有很强的归属感。改革开放后我们推广了住宅商品化，但仍沿用了原先的居住小区管理模式，无论住户在哪里工作，在居住小区的层面上都由小区居委会统一管理。这样的机制在隔离、检查、统一行动中发挥了巨大的作用。制度和空间是分不开的，我们可以考虑研究有中国特色的未来城市基本单元。如果我们能将居住小区的管理制度和居住区的设计相结合，将会成为一个值得深入研究的课题。

另外，我们需要重新思考设计方案的决策管理。今天大多数的设计方案还是以人治的方式决策，有些情况甚至需要非专业人士来决策。疫情提示我们科学决策的重要性，如果我们能在决策阶段展示后评估的数据，既包括温湿度、通风量、换气量等客观数据，也包括后评估调研得知的人的心理、生理状态数据，就能让方案决策拥有更多的依据。我们要建立城市总规划师、城市总建筑师制度，让专业人士来掌控城市的整体风貌，成为决策的主导者。

第三点，我们还要加强正面的引导和市场监管。很多正面的东西值得我们去弘扬。比如宣传与环境友好互动，在设计中充分考虑人的行为特征的优秀作品。我们不仅要给新建筑评奖，还要给那些良好运行10年、20年，甚至于25年的建筑评奖。美国建筑师学会（AIA）、英国皇家建筑师学会（RIBA）都设立25年金奖这个奖项，表彰那些能够经得住时间考验、拥有良好后评估数据的建筑。目前，中国建筑学会也已经开始评选中国建筑优秀设计10年奖，这是一个非常好的进步。

疫情防控常态化视角下的城市：专访援鄂医疗队领队朱畴文[1]

2020年8月3日上午，李煜、复旦大学附属中山医院曹嘉添代表《建筑创作》编辑部线上采访了复旦大学附属中山医院副院长、上海第五批援鄂医疗队领队、驰援武汉大学人民医院专家组成员朱畴文医师。朱畴文从驰援武汉的经验出发，讨论了疫情进入平稳状态后，医疗建筑面临的空间改造、社区的日常防疫以及健康城市等话题。以下的“编”代表《建筑创作》编辑部的提问，以“朱”代表朱畴文领队的回答。

编：您是第一批整建制接管重症病房的医疗队领队，在武汉的工作经历中，有哪些让您难忘的人或事？

朱：我所率领的来自中山医院的上海第五批援鄂医疗队在武汉一共工作了55天，整个过程都令人难忘。我离开上海的时候说了这么一句话：“帮助武汉，就是在帮助上海自己”。对于医生、护士来说，实际上就是换了一个地方，换了一家医院，做同样的医疗救治工作。作为专业人员，我们坚持专业的工作态度，所有队员在高强度压力下，按科学规律办事，救治了大批患者，且医疗队成员没有一个人感染。我们与武汉人民医院之间也有一个磨合的过

① 原载于《建筑创作》2020年第4期26~27页《专访朱畴文》. 作者：李煜，曹嘉添.

程，从不熟悉环境、工作不流畅到整个事情渐渐向好的方向转化，越来越有信心。从医疗的角度来讲，当时武汉几乎所有的医院都成了新冠肺炎定点医院，不再收治其他病人。这对于有其他医疗需求的市民，尤其是肿瘤患者、慢性病患者、肾透析患者，都是非常艰难的时刻，他们的就医遇到了前所未有的困难。但城市当时面临严峻的新冠肺炎疫情，似乎确实没有别的办法。

编：抗疫的过程中，您觉得医疗建筑和医疗机构的空间使用现状有哪些可以改进之处?

朱：现在很多人都在谈“后疫情时代”，但我觉得现在还谈不上“后疫情”，更重要的问题是我们应该如何以平常心来对待与新冠肺炎病毒“共存”的“新常态”。

这次突如其来的疫情已经超越了我们的认知，“不确定性”是我在抗疫过程中面临的最大的挑战。从长远看来，我们的城市有可能与包括新冠肺炎病毒在内的致病微生物共存，对未来的规划要立足常态，而不应该把注意力过多放在疫情暴发下的“战时状态”上。当然“战时状态”的准备也是必需的，但不应该把这种临时状态贯彻到方方面面，社会无法长时间承受停摆的巨大冲击。关于常态化疫情防控下的医院改造，我也仅能从自己的角度提出一些设想和问题，这场讨论才刚刚开始。整体上，目前我们国家疾病防治的重点，已经由传染性疾病转移到慢性病和代谢相关性疾病上。针对传染病的防治措施主要依靠中国疾病预防控制中心的专业人员、传染病专科医院或综合医院的相关医务人员以及从事传染病学研究的科研人员。传染病的教育以及必要的全民参与，也都是相关的措施。

未来在设计新建综合性医院的时候，应该事先规划好传染病诊区病房与非传染病诊区病房的隔离措施，使二者功能相对独立，减少不必要的交叉感染。比如，目前上海正在强化各级医院的发热门诊建设，就要求挂号、检查、门诊、实验室检查、影像学检查治疗全在发热门诊内部完成，称为“五个不出”。也可以考虑将有条件的普通病房进行改造，需要时转化成传染病房使用。这项改造与医院的原始条件关系较大，我们这次支援的武汉大学人民医院，原建筑就有医生通道和病人通道，改造相对容易。但更多的医院住院区只有一条通道，改造局限性较大，很难做到病人跟医护人员完全分隔。

另外一种可能性，是强化传染病专科医院的功能，除了院中诊治外，也承担起指导院前预防、院后随访、基础与临床科研等功能，建设成为公共卫生临床中心。比如上海在SARS疫情尚未平复之时，就在距离市区六十多公里的地方迁址新建上海市传染病总院，后来也被命名为上海市公共卫生临床中心。在这次抗击新冠疫情的战斗中，公共卫生临床中心是上海市集中收治确诊患者的定点医院，发挥了坚强的堡垒作用。

近期我从媒体上看到，我国目前唯一的国家重大公共卫生事件医学中心将在武汉动工开建，落户于华中科技大学同济医学院附属同济医院的光谷院区，这是武汉市公共卫生应急管理体系基础设施建设重点项目。从形式上看，这个国家级医学中心，是在原有三级甲等医院基础上，对以传染病为核心的公共卫生服务体系和疾病预防控制体系作出的极大强化。对于新老建筑、通道、物流、人员的协调也提出了新的要求。我期待中心的落成并发挥作用。

编：社区在传染病和慢性病的防治中都发挥了不可忽视的作用。您曾在抗疫期间深入武汉社区，社区防疫工作有哪些值得我们反思的地方？当疫情进入了相对平稳的阶段，社区在日常防疫的过程之中又应该注重哪些方面的工作？

朱：驰援武汉期间我去过两次当地社区，把其他机构捐给我们医疗队的物资再捐助给当地百姓。其中一个社区有上万居民，实行封闭式管理，居民外出买菜等活动都被限制了。封闭式的管理能有效抑制疫情，但对老年人、慢性病人的生活有很大的影响。如果我们在平时有预案，应该系统性地关注社区里的弱势群体，让医疗资源的配备更加有针对性、更加有效率。比如社区卫生中心是连接医院和病人的纽带，在慢性病诊疗、老年人保健等方面可以发挥巨大的作用。可以利用大数据远程给老年人做健康检查，社区医生可以为他们提供医疗服务和卫生照护，提供远程送药服务，这些工作都需要在未来加大投入。

编：您认为在疫情防控常态化的过程中，我们的城市会有哪些改变？

朱：我参与过2010年上海世博会的申办工作。当年世博会的主题是“城市，让生活更美好”（Better city，Better life），城市让生活更美好，我很认同这个理念。城镇化进程是人类社会发展至今的一个趋势，就是让城市成为一个集约化、高效率、集中各种优质资源、让老百姓能够享受生活的一个地方。

健康是美好生活的重要组成部分。城市的医疗系统网络，应该是一个分工明确、高效运转的系统。我们的城市需要具有较高医疗水平的“头部医院”，容纳最高级别的医疗咨询机构、集中最先进的医疗设施、具有最强大的辐射能力，在灾难突发或疫情暴发的情况下能够动员人力、物力支持受灾地区。比如2008年参与汶川地震救援的首批医疗队，全部来自三级甲等医院。同时，城市需要设立分级诊疗网络，三级医院、区级医院、社区卫生中心都要有自己的定位，承担相应的责任，利用物理交通、网络和信息技术，把城市居民的健康维持在较高水平。国家正在建设的医疗网络，不仅包括硬件设施上的投入，在软件和机制建设上也要让百姓能够获得健康信息，享受到社会发展的果实。总而言之，医疗机构的发展必然与整个国家的发展需要相匹配，与人民的需求、愿望相匹配，在可能的情况下还需要超前发展。